趣讲

科学史

两千年的物理：从电磁波到时空旅行

海上云 著

天地出版社｜TIANDI PRESS

图书在版编目（CIP）数据

两千年的物理. 从电磁波到时空旅行/海上云著. —成都: 天
地出版社，2024.1
（趣讲科学史）
ISBN 978-7-5455-7935-2

Ⅰ.①两… Ⅱ.①海… Ⅲ.①物埋学史—世界—普及读物
Ⅳ.①O4-091

中国版本图书馆CIP数据核字（2023）第159924号

LIANGQIAN NIAN DE WULI:CONG DIANCIBO DAO SHIKONG LVXING

两千年的物理：从电磁波到时空旅行

出 品 人	杨　政
总 策 划	陈　德
作　　者	海上云
策划编辑	王　倩
责任编辑	刘桐卓
特约编辑	刘　路
美术编辑	周才琳
营销编辑	魏　武
责任校对	张月静
责任印制	刘　元　葛红梅

出版发行	天地出版社
	（成都市锦江区三色路238号　邮政编码：610023）
	（北京市方庄芳群园3区3号　邮政编码：100078）
网　　址	http://www.tiandiph.com
电子邮箱	tianditg@163.com
经　　销	新华文轩出版传媒股份有限公司

印　　刷	北京博海升彩色印刷有限公司
版　　次	2024年1月第1版
印　　次	2024年1月第1次印刷
开　　本	889mm×1194mm 1/16
印　　张	9.5
字　　数	120千字
定　　价	30.00元
书　　号	ISBN 978-7-5455-7935-2

咨询电话：(028) 86361282（总编室）
购书热线：(010) 67693207（营销中心）

本版图书凡印刷、装订错误，可及时向我社营销中心调换

第1讲

电磁波是公式推导出来的，你信吗？

——写出最美方程的人

天才少年

学神的模样

1831 年，法拉第发现了电磁感应现象。这一年，一个叫詹姆斯·克拉克·麦克斯韦（1831—1879 年）的男孩在苏格兰爱丁堡出生。当时肯定没有人将这两件事联系到一起，更没有人能想到，由法拉第奠定基础的电磁学大厦，将由麦克斯韦来构建完成。

麦克斯韦少年时便惊才绝艳，文理双绝。

13 岁时，他不仅获得了校内的数学奖，还获得了英语以及诗歌的一等奖。

14 岁时，他写了第一篇科学论文《卵形线》，但由于年龄太小而被认为没有提交个人科学成果的资格。他的这篇论文由爱丁堡大学的教授代为提交，呈示给爱丁堡皇家学会。不知道在他的论文批语上，会不会有"希望戒骄戒躁"的评价。在我们这一辈，这六个字可是优等生每年的标配。

16 岁，他进入爱丁堡大学。18 岁时，他向爱丁堡皇家学会的会报提交了两篇论文，却再次因为年纪太小而被认为没有资格，最后由他的导师代为提交。

三年完成四年学业，爱丁堡大学就装不下他了。

他去了剑桥大学，从剑桥毕业之后，他读到了一本书，这本书就是法拉第的《电学实验研究》。

麦克斯韦拿着这部精装的巨著，爱不释手。这本书把麦克斯韦带到了一个崭新的领域，令他心驰神往。正是这位大师，经过毕生探求，发现了著名的电磁感应现象，证明了不仅电可以变成磁，磁也可以变成电，从而揭示出电和磁有着不可分割的联系。

法拉第的弱点

麦克斯韦读了《电学实验研究》，对法拉第的学说深感佩服。但读完这部巨著，有一个事实引起了他的注意：在厚厚的三卷《电学实验研究》中，竟然找不到一条数学公式。

法拉第是自学成才的科学家，他有许多过人之处，但数学较弱，因而他的学说还缺乏理论上的严谨。正是出于这个缘故，当时有不少的理论物理学家都不承认法拉第的学说，就连英国那些第一流学者们对此的意见也有分歧。

作为一位理论物理学家，麦克斯韦很清楚，物理学是离不开数学的。牛顿的力学定律、万有引力定律，都是以公式的形式来概括的。这位初出茅庐的青年科学家决定献出自己的数学才能，去弥补法拉第学说缺乏数学表述的弱点。

法拉第 VS 麦克斯韦

英格兰人	苏格兰人
家境贫寒	家境殷实
从小辍学	名校英才
实验大师	不做实验
数学基础薄弱	绝顶数学大师
讲课口才超绝	讲课效果较差

◀ 大学时的麦克斯韦

一年之后，24 岁的麦克斯韦发表了《论法拉第的力线》，这是他第一篇关于电磁学的论文。一颗新星在电磁学领域升起来了！人们惊异地注视着它的熠熠光彩。在这篇论文中，麦克斯韦通过数学方法，把法拉第关于电流周围存在磁力线这一思想，成功地概括为一个数学方程。法拉第的学说第一次有了定量的表述形式。

两位电磁学奠基人的会面

　　也许是缘分，麦克斯韦和法拉第相逢了。1860 年，麦克斯韦前往伦敦拜访法拉第，二人相见如故。这时法拉第 69 岁，麦克斯韦 29 岁，一个即将迈入古稀之年，另一个还没进入而立之年。两个人的科学方法恰好相反：法拉第主要是实验探索，麦克斯韦擅长理论概括。一个不精通数学，另一个却对数学运用自如。可以说，他们在许多方面是互相补充的。爱因斯坦曾经把他们称作一对，说他们就像伽利略和牛顿一样，相辅相成。

　　法拉第对麦克斯韦说："你不应该局限于借用数学来解释我的见解，而应该突破它。"法拉第的话，像一道闪电，点亮了麦克斯韦的灵感。当时的会面，可以说如高山流水遇知音，虽无琴声，但有电磁波见证，峨峨兮若泰山，洋洋兮若江河。

　　此后过了五年，麦克斯韦推导出了"最优美"的麦克斯韦方程组。两年后，法拉第与世长辞，不过法拉第并不遗憾，因为他看到了史上最优美的方程。借助麦克斯韦方程组，法拉第的"场"观点终于得到了认可。

想象出来的电磁波

麦克斯韦推导出了著名的麦克斯韦方程组。根据这组方程所揭示的规律，不但变化着的磁场产生电场，而且变化着的电场也产生磁场。凡是有磁场变化的地方，它的周围不管是导体或者电介质，都有感应电场存在。

我们先来看看这个著名的麦克斯韦方程组长什么样。

四个公式在物理学家眼里很美，在常人眼里很难。倒三角符号就是微分，读作"纳布拉"，是希腊的一种竖琴，你看像不像？

英文诗歌中用得最多的是抑扬格，其中又以抑扬格五音步居多。如果一个音步中有两个音节，前者为轻，轻读是"抑"，后者为重，重读是"扬"，一轻一重，有抑扬顿挫之美。

这四个方程式，是微分方程的格式，像不像五步抑扬格？

第一个方程：描述了电场的性质。

第二个方程：描述了磁场的性质。

▲ 最美大胡子和他的方程式

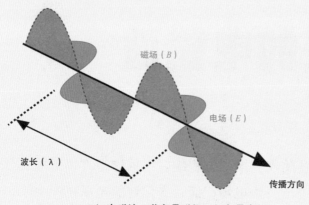

磁场（B）

电场（E）

波长（λ）

传播方向

▲ 电磁波：蓝色是磁场，红色是电场

第三个方程：描述了变化的磁场激发电场的规律。电场不仅可以由电荷产生，电场还可以由变化的磁场产生——这是法拉第在麦克斯韦出生那年发现的物理现象。

第四个方程：描述了变化的电场激发磁场的规律，磁场也可以由变化的电场生成。

想象电磁波

但更重要的是麦克斯韦接下来的想法：

既然变化的电场能生成磁场、变化的磁场还能生成电场，那么，要是有人能制造一个强度不断变化的电流，它会产生一个强度也不断变化的磁场，这个强度不断变化的磁场还能产生一个强度不断变化的电场，然后再生成一个磁场、再产生一个电场……电生磁，磁生电，电电磁磁，无穷尽也。**这样一直转换下去，岂不是说有一个电和磁相互耦合的场，可以不断自我生成和传递吗？**

这就是电磁波，现代社会上天入地无所不能的电磁波，最初不是在真实世界中被发现的，而是在麦克斯韦的脑子里被想象出来的。可见诗人科学家的想象力是多么强大。

这个设想，要等另一位伟大的实验物理学家来验证。

寻找电磁波

1888 年，德国的物理学家赫兹设计了一套电磁波发生器。他将一个感应线圈的两端连接到铜棒上。当感应线圈的电流突然中断时，感应高电压使电火花间隙产生"噼噼啪啪"的小火花。

一瞬间后，电荷便经由电火花隙在锌板间振荡，频率高达每秒数百万次。

根据麦克斯韦的理论，这个"噼噼啪啪"的火花应该会产生电磁波。

于是，赫兹设计了一个简单的检波器来探测电磁波。他将一小段导线弯成圆形，线的两端点间留有一个小电火花隙。电磁波应在此小线圈上产生感应电压，而使电火花隙产生火花。

他把接收器放在距离振荡器 10 米远的一个暗室内，然后，坐等检波器的小火花产生。

接收器的火花"噼噼啪啪"作响了！这就是赫兹的"尤里卡"时刻！

赫兹如果想唱歌，就会唱这一首："我就是我，是颜色不一样的烟火，天空海阔，要做最坚强的电磁波。"

从法拉第的实验，到麦克斯韦的理论，再到赫兹的实验，物理学的进步，就是靠这样一级一级的接力实现的。

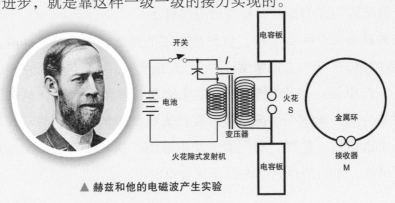

▲ 赫兹和他的电磁波产生实验

光和电

麦克斯韦盯着自己的方程，不仅想出了电—磁交互作用可以产生电磁波，而且，他还用这组方程直接"算出了"这个电磁波传输的速度！

$$v = \frac{1}{\sqrt{\mu_0 \varepsilon_0}}$$

公式里的 μ_0 和 ε_0 分别为真空磁导率和真空电容率，都是已知的常数。一个和电有关，一个和磁有关。

最后，他算出来电磁波的速度恰好等于当时实验物理学家测出的光速！

在这一惊人的"巧合"中，包含着神奇而伟大的内在联系。麦克斯韦因此大胆断定，光也是一种电磁波。这是麦克斯韦的"尤里卡"时刻！这一刻，所有的光会微微震颤，因为他认出了它们的真身。

这一连串推理和结论，实在是石破天惊！

"你是电，你是光，你是唯一的神话"，当这首歌欢快响起的时候，我眼前闪过的是一个睿智的英俊青年。

他就是光，他就是电，他就是科学的神话，他就是"superstar（超级明星）"——麦克斯韦。

无线电波，是电磁振荡产生的波动，和光一样快，从远方的发射站传来，在空中形成涟漪。现代人生活中的电视节目、广播节目、手机微信，都是"骑"着无线电波的"快马"驰骋而来。这些无线电波，不同的是它们的波长或者说频率。

无线电波在一秒内波动起伏的次数，称为频率。一秒起伏 1 次，单位就是 1 赫兹；起伏 1000 次，就是 1000 赫兹。

如果用无线电波的速度除以频率，我们就会得到一个值，它的量纲单位是距离（米），这个叫作波长。我们就可以把波长想象成无线电波在做蛙泳，一个起伏间游了多远。

1 赫兹的无线电波，波长是 30 万千米；1 千赫的无线电波，波长是 300 千米。

光波的波长是 380～740 纳米，频率是 430~770 太赫兹。在可见光里，红色光的波长最长，频率最低；紫色光的波长最短，频率最高。

可是，当时敏锐的物理学家已经注意到：麦克斯韦的电磁理论里有一个令人困惑的问题。

在伽利略和牛顿建构的经典物理学中，当我们谈论速度时，大家都默认那是一个相对的概念——你站在飞驰的火车上静静地看风景，车厢里的你感觉自己是静止的（也就是相对速度等于 0），但

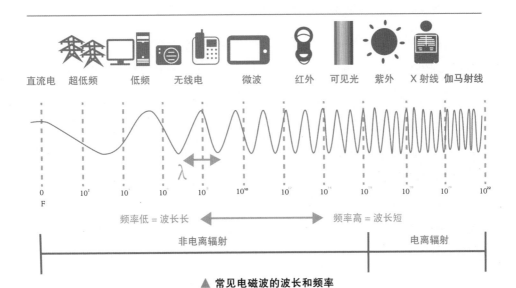

▲ 常见电磁波的波长和频率

是，地面上的人看你是飞驰的（也就是相对速度大于 0）。这是伽利略的相对性原理，速度是一个相对概念，当我们谈论速度之前，你得先说清楚这个速度是相对于谁的速度。

但是，这个简单的常识在麦克斯韦方程组面前失效了。麦克斯韦的电磁波速度是绝对的，不需要参照谁。也就是说，它参照谁都是一样的速度！你在一列飞快的火车上打开手电筒朝前照射，我在地面上看，光的速度还是不变的，并不会叠加上火车的速度。

光的速度，电磁波的速度，是我们目前认知的宇宙中的极限速度。

这就是麦克斯韦方程组留给后来人的困惑，而这个问题的终结，需要等到爱因斯坦出场，推导出狭义相对论之后才能解决。

有人说爱因斯坦的相对论是一枚鸡蛋，但是，这枚鸡蛋是麦克斯韦方程组这只母鸡生出来的。

科学与诗的相逢

1879 年 11 月 15 日，完成了《电磁学通论》的麦克斯韦患癌症去世，终年只有 48 岁。

他正当壮年就不幸早逝，这是非常可惜的。就在这一年，一个婴儿诞生了，这个婴儿就是爱因斯坦。

上一次出现这样的巧合还是伽利略和牛顿，如今又一场物理学革命注定要开始了。

1999 年底，英国《物理世界》期刊评选出"有史以来 10 名最伟大的物理学家"，麦克斯韦的名字排在第三（前两名是爱因斯坦、牛顿）。继牛顿统一了天上和地上的经典力学之后，他统一了电和磁。这是物理学上的第二次统一。

麦克斯韦的《电磁学通论》与牛顿的《自然哲学的数学原理》、达尔文的《物种起源》齐名。

麦克斯韦一生对诗歌无比钟情，诗歌贯穿了他的整个人生。在他的眼里，似乎一切都可以用诗来表达，甚至包括艰深的科学理论在内。实际上，他自己建立的麦克斯韦方程组又何尝不是一首伟大的数学诗呢！

写出最美方程的人

三思小练习

1. 我们的手机信号、微波炉产生的微波、漫威超级英雄的伽马射线、医院用的 X 射线，都是电磁波。你能按照波长，把它们从短到长排序吗？

2. 不借助任何仪器设备，仅凭肉眼，你能看到电磁波吗？

3. 取暖器的红外线，让我们皮肤变黑的紫外线，它们有一个物理参数是相同的，是什么？

麦克斯韦的诗意

看得见的光，看不见的电磁波，
在创世的第一日便出现。
而它们的呼吸，
直到此刻，才被你的笔捕获。

每一次电的脉动，都漾起磁的波动，
每一次磁的心动，都感应出电的影踪。
而你的预言，早已写进锦囊，
多年后被赫兹打开，
让这个世界轰然震动。

每一行方程，
流出吐天纳地的韵律。
每一朵算符，
刻着电和磁的前生今世。

将漫天的电磁波纳入抑扬的四句，
科学天空里的诗意，是你一生所爱。

第2讲

为什么时间
一去不复返
——它和"熵"这种怪物有关

时间是什么？

"子在川上曰：逝者如斯夫！不舍昼夜。"

这句话出自《论语·子罕》，原文的意思是，孔子在河边说道："奔流而去的河水是这样匆忙啊！白天黑夜不停流。"

千百年来人们都在追问，时间是什么？现在的人也在发问，时间都去哪儿了？

我们看到日出日落，知道了一天一夜的周期；看到春花冬雪，感受到了季节的更替，知道"又是一年过去了"。

而后，科学和技术的进步，让我们对时间的测量更为精确，从小时，到分钟、秒、毫秒、微秒、纳秒……

但是，时间到底是什么？时钟的发明，时间测量精准度的增加，都没有帮助现代人解释清楚这个问题。

所有随着时间而去的事物，都永远不会回来了。

彩云散了，琉璃碎了，凋落在地上的花回不到枝头。

昨天过去了，它就永远变成昨天，我们回不到从前。

这一切，除令人感慨和叹息之外，有没有科学上的解释？

时间为什么一去不复返？

时间的箭，为什么是回不了头的？

科学家也一直在追问，最后发现时间之矢在科学上和一个"名字古怪、性格乖张"的物理量——它叫作"熵"——有关。

"怪物" 熵的来历

人类在 18 世纪进入了蒸汽时代。

人们开始研究怎么将蒸汽的能量更有效地转换为机械功，通俗地说，就是怎么烧更少的煤让蒸汽火车跑得更远。由此产生了一门新的学科——热力学。

人们经过观察得到一个好消息，一个坏消息。

好消息是：能量是永恒的，它不会被谁制造出来，也不会被谁消灭。**我们燃烧煤产生热能，热能可以提供动能，而动能也能够再转化成热能。这是热力学第一定律。**

坏消息是：能量既不能增加也不能减少，你只能将它们变来变去。但是，能量是有不同的等级的，各种能量有质量的优劣。优质能量，如机械能，可以全部转化成有用的功。而热能的性质就差了一大截，只有一部分有用处，别的就全被耗散和浪费掉了——蒸汽机除了推动轮机，还有很多热能都散发在空气里了，这些能量没办法用了。

物理学家克劳修斯定义了一个叫作"熵"的东西，来度量这种"没办法用的"能量。最后得到了一个令人丧气的结论：**在任何自发产生的物理过程中，熵只增不减，系统中的"无用"能量越来越多！这也是热力学第二定律的一种通俗表达。**

我们点燃篝火，木柴燃烧成灰烬，热能温暖了我们。木柴的生物能转化成了热能。但是，我们不可能收拢起灰烬，让它恢复成干柴。

▲ 木柴燃烧变灰烬，无法逆转再成薪

你有没有发现熵的这种单向性，和时间流逝的单向性有相通之处？所以，科学家把熵和"时间之矢"联系了起来。时间的流逝，是因为熵的增加，那些"无用"的能量越来越多，散发了就收不回来了。

但是，这个熵的定义还是太不明确。什么是优质能量？什么是劣质能量？什么是"浪费的""无用的"能量？ 真正要说清楚熵是怎么一回事儿，要等天才物理学家玻尔兹曼出现。

玻尔兹曼和他打碎的鸡蛋

物理学家和哲学家玻尔兹曼（1844—1906 年）出生在举世闻名的音乐之都——奥地利的维也纳，从小就一身的艺术细胞，对诗歌、音乐都非常精通，是一位公认的天才钢琴家。

这样一个文艺少年，大家都觉得他以后可以做诗人或者音乐家，定位是"诗歌、音乐和远方"。

但是，他心中却有一个矢志不渝的梦想，那就是把自己的青春奉献给物理学——因为物理学里有他的偶像麦克斯韦。他在读到麦克斯韦方程式的时候，惊叹道："这难道是上帝亲手写下的诗吗？"

于是，他刻苦学习，为了能够和他的偶像一起建造物理学的大厦，22 岁就获得了博士学位。

作为麦克斯韦的小"迷弟"，酷爱音乐和诗歌是必须的，留一脸漂亮的胡子是必须的，和偶像做同一个方向的研究也是必须的。

麦克斯韦除做电磁学方面的研究外，还研究在一定温度下的微观粒子的运动有什么规律：在容器里的气体微粒，不停地碰撞、弹回、转向、再碰撞，速度也会不停地变化，好比在一个

▲ 玻尔兹曼

挤满人的舞厅，大家跳着舞，挤来挤去，碰来碰去。

那么，这些微粒的速度是什么样的呢？

这就是玻尔兹曼踩着麦克斯韦的脚印一起开创的统计力学了。统计力学是说，我们不看单个粒子的速度，而是统计地看，有多少微粒的速度在 0 到 10，有多少在 10 到 20，诸如此类。这就是概率分布。

统计，在现代并不是一个陌生的词，但是，**在 19 世纪的时候，牛顿力学占了主导。牛顿力学认为所有运动的速度都是明确的，可以定量得到的，怎么还有概率和统计？**

所以，统计力学从历史上来看，是一个了不起的进步。

牛顿用万有引力把日常生活中的运动和宇宙间天体的运动统一了起来。麦克斯韦和法拉第把电和磁统一了起来。

而这一次，统计力学把我们宏观世界（气体的温度、体积等）和微观世界（微粒的速度分布）联系了起来，建立了一条宏观和微观之间的纽带。

麦克斯韦主要的贡献是在电磁场，而玻尔兹曼在统计力学方面的贡献要超过他的偶像。他终于把自己的名字和偶像写到了一起，写在了统计力学的一块奠基石上——麦克斯韦 - 玻尔兹曼分布。

之后，玻尔兹曼又发现了他一生中最重要的研究成果——他得到了熵的物理含义，玻尔兹曼熵公式：

$$S=k\ln\Omega$$

扔硬币背后的数学

在解释这个公式之前，我们来看看生活中的实例。

如果我们先后扔两个硬币，可能会出现四种情况：

第一个正面朝上（H:Head），第二个反面朝上 (T:Tail)；

第一个反面朝上，第二个正面朝上；

第一个、第二个都是正面朝上；

第一个、第二个都是反面朝上。

这四种情况，是四种微状态，每种出现的概率是 $\frac{1}{4}$。

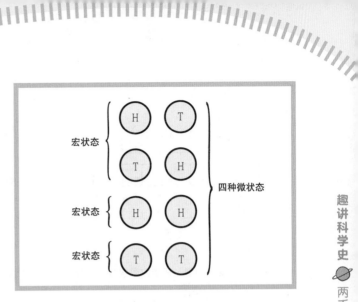

▲ 两枚硬币的宏状态和微状态

如果我们只关心几个硬币正面朝上，那么，前面两种情况（一个正面一个反面）实际上是等价的。我们把一正一反、二正、二反，这三种情况称为宏状态。这三种宏状态的概率分别是 $\frac{1}{2}$、$\frac{1}{4}$、$\frac{1}{4}$。所以，一正一反的可能性是最大的。你扔硬币的实验次数越多，结果越接近这三个概率的值。

再来看一个例子。

微状态混合宏状态

假设有一个密封的盒子里有四个分子（小蓝、小黄、小绿、小棕，用四个不同颜色的圆点表示），盒子中间隔开。

一开始四个活跃的分子都挤在左边。然后，打开隔离的板子，让它们自由散开。过一会儿再看，你会发现：

四个都在左边的情况，有 1 种，记作 $\Omega=1$，Ω 是可能的微状态的数目。

三个在左边，一个在右边的情况，有 4 种，$\Omega=4$。

两个在左边，两个在右边的情况，有 6 种，$\Omega=6$。

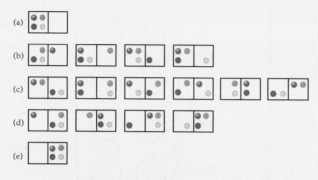

(a)

(b)

(c)

(d)

(e)

▲ 玻尔兹曼公式里的微状态数：四个分子的例子

一个在左边，三个在右边的情况，有 4 种，$\Omega=4$。

四个都在右边的情况，有 1 种，$\Omega=1$。

微状态数最多的情况，是最可能发生的。微状态数最少的情况，发生的可能性最小。

熵来了

玻尔兹曼公式里的 k 玻尔兹曼常数，是 $1.38064852 \times 10^{-23}$，ln 是自然对数运算，我们在中学会学到。左边 S 就是熵。所以，这个公式在宏观和微观之间建立了联系。宏观是熵这个物理概念，微观是指分子分布的状态数目。

熵最小的情况是什么？四个分子都在一边，这种情况发生的可能性小。熵最大的情况呢？是两边都有二个，发生的可能性大。所以，这个系统自然而然就趋向于熵比较大的状态（发生的可能性大）。

我们再来看 10 个分子的例子，有兴趣的同学可以自己练习一下，看看数得对不对。熵最大的情况，是两边各 5 个分子，$\Omega=252$。

这只是两个例子。想象一下一个盒子里有几万亿个气体分子，一开始都是在一个角落里，过了一会儿会怎么样？会比较均匀地分布到整个盒子里，因为均匀分布的微状态数多，可能性更大。

有序与无序

在熵的概念中，还有"有序"和"无序"的含义。分子都挤在一个角落里，是有序；均匀散布在所有空间，是无序。

有序的情况 Ω 小，可能的微观态数少，熵小；混乱无序的情况 Ω 大，可能的微观态数多，熵大。

由此可以看出熵的微观意义：熵是被隔离的系统内分子热运动无序性的一种量度。

我们把几万亿个气体分子放在某个角落，分子自然而然会均匀扩散到整个盒子。我们让几万亿个气体分子均匀分布在盒子里，没有外部作用，它们会自己主动聚集在一起吗？不会！所以，从有序到无序，从低熵值到高熵值，是自然而然的过程。

我们在一个盒子里放上百颗红色的珠子和蓝色的珠子，它们泾渭分明各占一边，随着风吹雨淋，慢慢地，它们混合在一起。随着时间的推移，会均匀地混合。从有序到无序，熵增加了。但是，我们能够让珠子们自动回去，变成泾渭分明的两群吗？不会。

当我们手里拿着一枚完好无损的鸡蛋时，它的熵是低的，因为鸡蛋里面的分子和结构是"有序的"。但是，鸡蛋一旦打碎，它里面的分子就"无序"了，熵就增加了。打碎的鸡蛋再也不能重新完好如初。

宏观世界
低熵状态　高熵状态

◀ 一枚鸡蛋的熵

原子的世界
有序的状态很少，
无序的状态很多

它和"熵"这种怪物有关

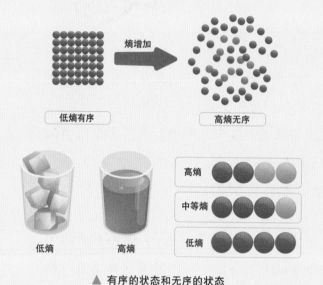

低熵有序　　　　　熵增加　　　　　高熵无序

低熵　　　高熵

高熵
中等熵
低熵

▲ 有序的状态和无序的状态

摔碎的杯子为什么不会自动复原？凌乱的房间为什么不会自动恢复整齐？都是同样的道理。

熵与时间

在熵被提出并研究之前，时间只是我们人类臆想出来的一个概念，或者说只是一个心理学概念，我们只能感觉到时间一去不复返。

熵，第一次定义了时间。一去不复返的，是"有序"，是低熵；时间指向的，是"无序"，是高熵。从此之后，时间不仅是主观的，也是真实的。

实际上，玻尔兹曼最早的熵公式不是一个等式，里面没有玻尔兹曼常数 k，只是说明熵和微状态数的对数成正比。

后来是他的"迷弟"普朗克找到了这个常数，改成了等式，并把常数以偶像玻尔兹曼的名字命名。

粉丝链

从麦克斯韦、玻尔兹曼、普朗克的偶像粉丝链，我们可以了解到，科学上的粉丝，要为偶像完善公式才能真正合格。做一个好的粉丝，没有你想象的那么简单。

"染血"的熵之争

熵——"时间之箭"的提出，在 19 世纪引起了轩然大波。

首先在社会学界引发了抗议，因为依照玻尔兹曼的理论，人只会更坏，社会也会走向分崩离析，最后灭亡。热力学第二定律是当时"名声最坏"的定律，被认为是"堕落的渊薮"。其实，这是社会学家们多虑了，因为人类社会并不是一个热力学隔离系统，而是一个自适应系统，熵增原理并不适用于人类社会。

熵在科学界的影响也并不比在社会学界小。根据玻尔兹曼熵公式，如果把系统扩大到整个宇宙，作为一个"孤立"的系统，宇宙的熵会随着时间的流逝而增加，由有序走向无序。当宇宙的熵达到最大值时，宇宙中的其他有效能量已经全数转化为热能，所有物质温度达到热平衡，这样的宇宙中再也没有任何可以

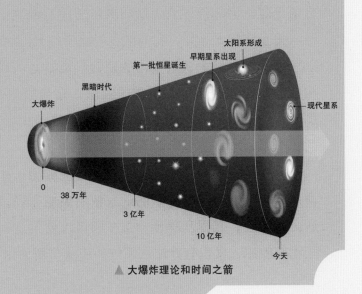

大爆炸

0

38 万年

黑暗时代

第一批恒星诞生

3 亿年

早期星系出现

太阳系形成

10 亿年

现代星系

今天

▲ 大爆炸理论和时间之箭

S = k. log W

▲ 玻尔兹曼的墓碑和上面刻写的公式

维持运动或是生命的能量存在，这就是热寂说。

其实热寂说的一个基本假设是宇宙是一个孤立的稳定系统，假如宇宙不再是孤立的，那么热寂说自然就不存在了。

1929 年，美国天文学家哈勃观测到"所有星云都在互相远离，而且离得越远，离去的速度越快"，提出了宇宙膨胀学说。依照此学说，宇宙最初的开始，是一个"奇点"，然后是一声"大爆炸"，炸出了宇宙。这个"奇点"，就是时间之箭射出的地方，就是熵最小的初始。

从最初的熵，从大爆炸，宇宙一路膨胀，熵一路增加，时间之箭飞驰。大爆炸理论、熵和玻尔兹曼方程式，相互印证，相互支持。关于宇宙大爆炸，我们会在以后专门介绍。

玻尔兹曼熵公式最基本的理论根据，是假设世界由分子和原子构成。这个在今天耳熟能详的共识，在当时却是引起争议的学说。那时候，原子说并不是主流，主流是唯能说：世界是由能量组成的。于是，玻尔兹曼卷入了一场持久的论战。

多年的论争严重地损害了他的心理健康。如果把玻尔兹曼的精神系统比作一个隔离系统的话，依照熵增原理，其混乱是一个不可逆转的过程，其混乱程度一直在向极大值发展。而玻尔兹曼在性格上比较敏感，又没有办法从系统外部获得帮助以降低其混乱程度。

在论战中，支持他的只有他的助手兼"迷弟"普朗克，而当时的普朗克还没有因为创立量子学说而获得赫赫大名，对他的帮助只是杯水车薪。最终，精神系统混乱到了玻尔兹曼无法忍受的地步。1906年，玻尔兹曼自杀于奥地利的杜伊诺。

在他自杀前一年的1905年4月，有位初出茅庐的年轻人完成了论文《分子大小的新测定法》，提出了一种测定分子大小的方法。他就是爱因斯坦。

三年后，法国物理学家佩兰以精密的实验证实了爱因斯坦的理论预测，从而无可非议地证明了原子和分子的客观存在。

1908年，玻尔兹曼的对手奥斯特瓦尔德主动宣布："原子假说已经成为一种基础巩固的科学理论。"

此时，距离玻尔兹曼自杀已经有两年了。

玻尔兹曼葬在维也纳的公墓。他和音乐有着不解之缘，这个墓边上就是贝多芬、勃拉姆斯等一众音乐大师。

他的墓志铭只有他生前没有得到完全承认的研究，也就是熵的公式。

非常有意思的是，玻尔兹曼的统计力学原理，被人工智能的研究人员应用到了人工神经网络和机器学习里，可以自动生成美妙的音乐。这可能是玻尔兹曼这位创立统计力学的物理学家始料未及的吧。

三思小练习

1. 练习文中四个分子的例子。熵最大的情况，是两边各 2 个分子，计算其微状态数。

2. 练习文中 10 个分子的例子。熵最大的情况，是两边各 5 个分子，计算其微状态数。

3. 在一杯水里放一块冰，过一段时间后会发生什么情况？杯子里冰和水的熵是增加了还是减少了？

玻尔兹曼碑上的箭痕

不知从何处射出，
时间之箭，
穿过夫子扶栏的桥，
穿过庄子鼓盆的歌，
蝴蝶的梦境，鲲鹏的翅膀，
也无法让它减缓刹那。

你以一曲熵交响决斗，玻尔兹曼，
你的琴键，
白键，张开科学的蝉翼，
黑键，扬起艺术的风帆，
每一个微状态的音符，
是涌向箭矢的一方战阵。

时间之矢，势不可当，
但你在墓碑上留下的箭痕，
让我们看破了它的真身。

第3讲

奇妙的时间旅行

——爱因斯坦的想象力

天才成名之前

1900 年，新的世纪开始了。这一年，一位年轻人从瑞士苏黎世联邦理工学院毕业，两年多时间找不到工作。最后，他在同班同学的老爸的帮助下，在专利局找到了一份工作，而且还是助理和非正式的员工，一年后才转正。这样的一段经历，和我们大多数年轻人一样，充满了挫折、压抑、骚动和不安。我们都一样，年轻又彷徨，努力想把黑夜点亮。

这位年轻人白天在专利局审核专利项目，业余时间研究宇宙，还读在职研究生。

中国的孟子说：故天将降大任于是人也，必先苦其心志，劳其筋骨，饿其体肤，空乏其身。

1905 年，人类科学史上第二个"奇迹之年"出现了。这一年属于他——爱因斯坦（1879—1955 年）。

关于爱因斯坦的生平，特别是少年时的事迹，有一些误传。我们在有的文章中看到，说爱因斯坦小时候成绩不好，常被罚坐小板凳。这个故事在中国就变成了爱因斯坦小时候成绩很差，长大还是当了大科学家，实在

▶ 晒一晒爱因斯坦的中学照片和成绩单

（图片来源：www
.history.com）

太励志了。

这是爱因斯坦高中的成绩单：满分是6分，他的德语5分，法语3分，意大利语5分，历史6分，地理4分，代数6分，几何6分，画法几何6分，物理6分，化学5分，自然历史5分，绘画4分。爱因斯坦的成绩绝对接近校一级学霸了！现在知道真相的你，眼泪有没有掉下来？这哪里是"熊孩子"？明明是别人家的好孩子啊。

再晒一下爱因斯坦14岁的照片。见惯了满头乱发、吐舌头作怪的爱因斯坦，是不是很吃惊他小时候这么帅气？其实，每一个大叔和老爷爷，都是从追风少年成长起来的。《小王子》的作者圣埃克絮佩里说："所有的大人都曾经是小孩子，虽然，只有少数的人记得。"其实，世人也常常忘了名人少年时候的样子，他们也曾幼稚，也曾追风，也曾怀才不遇，也曾迷茫疑惑、脚步踉跄。

奇迹之年1905

爱因斯坦在他26岁这年，发表了5篇具有划时代意义的物理学论文，创造了科学史也是人类历史上的奇迹，影响了百年来的物理发展：

《关于光的产生和转化的一个启发性观点》，开创了量子学说，让他获得1921年的诺贝尔物理学奖。

《分子大小的新测定法》，他的博士论文为玻尔兹曼学说提供了依据。

《关于热的分子运动论所要求的静止液体中悬浮小粒子的运动》，找到了原子确实存在的证明。

《论动体的电动力学》，提出时空关系新理论，被称为"狭义相对论"，让人们重新审视两百多年来牛顿建立的物理大厦。

《物体的惯性是否决定其内能》，建立在狭义相对论基础上，表明质量和能量可互换，后来推出最著名的科学方程：$E=mc^2$，是人类打开原子能的金钥匙。

用初中数学
推导狭义相对论

我们从伽利略的相对性原理说起。

让我们假想一下伽利略和爱因斯坦之间的一段隔空对话。

伽利略曰：我坐在平稳行驶的船上，我分不清是船在向前行驶而水面未动，还是水在向后流，船没动。如果把船上的门窗都关闭，我无论如何都不知道船是在动还是静止的。此乃相对性原理。

爱因斯坦曰：妙哉妙哉，于我心有戚戚焉。

伽利略又曰：在一个静止的参照系上，来看一个匀速运动的惯性参照系，上面所有物体的速度，都要叠加上一个参照系本身的速度。

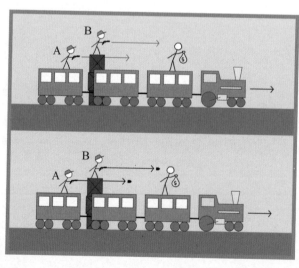

▲ 伽利略的相对性原理和光速不变

假设一辆火车以 50 千米 / 时的速度在开。车上有一个抢劫犯抢了希罗国王的王冠。车上的警察 A 和路边的警察 B 同时向抢劫犯开枪，并命中。子弹射出枪管的速度是每小时 100 千米。

从警察 A 来看，

他的子弹会以每小时 100 千米的速度射中抢劫犯。而路边警察 B 的子弹会以每小时 50 千米的速度射中抢劫犯，因为抢劫犯是以每小时 50 千米的速度随着列车向前行进的（伽利略变换：100-50=50）。

从路边的警察 B 来看，警察 A 的子弹速度其实是每小时 150 千米（伽利略变换：100+50），需要加上火车本身的速度。因为抢劫犯的速度也是每小时 50 千米，150-50=100，警察 A 的子弹会以每小时 100 千米的速度射中抢劫犯。

而他自己的子弹会以每小时 50 千米的速度射中抢劫犯（100-50=50）。

爱因斯坦曰：且慢！从不同观测者来看，子弹的速度确实不一样。但是，光是个例外。在地上发出的光，和在火车上发出的光，速度是一样的。光的速度是不变的，大约是每秒 30 万千米。一般光速用字母 c 代替，意思是常数（constant）或是拉丁语 celeritas（快速）。

伽利略问：为什么光速不变？

爱因斯坦回道：我的偶像麦帅哥用他的方程说了，光速不变，就是不变。至少没人找到光速变化的证据！光的传播不需要"以太"，世界就更加简单。

本来牛顿世界的一切都安静祥和美好，宇宙的规律似乎尽在掌握之中，但是这时候出现了一个不听话的东西：光。

当警察的枪换成激光枪的时候，这一切就变样了。

警察 A 发射激光枪，在地面上的人测量这个光速，它居然不是 $c+50$，依然还是 c。

警察 B 发射激光枪，火车上的人测量这个光速，它居然不是 $c-50$，依然还是 c。

不管在哪里射击，也不管在哪里测量，激光的速度都是 c。所以，警察 A 和警察 B 的激光枪会同时击中抢劫犯。

通过上面这段假想的对话，我们理解了爱因斯坦的基本假设：光速在不同的参照系下都一样。爱因斯坦根据这个假设和相对性原理，把牛顿运动体系里除了万有引力定律的东西重新演算了一遍。

因为光速是不变的，所以在爱因斯坦推导出来的新公式里，时间、长度、质量、能量都跟速度有关：运动的物体时间会变慢，长度会缩短，质量会增加。这个世界疯了吗？

我们来看看爱因斯坦做的宇宙飞船的思想实验，看时间变慢是怎么推导出来的。**所谓思想实验是指：使用想象力去进行的实验，所做的都是在现实中无法做到（或现实未做到）的实验。**

下面你愿意用学过的数学"招式"接受爱因斯坦的挑战吗？

假设飞船以速度 v 匀速飞行。飞船上有两面平行的镜子，镜子间的距离为 D，光在两个镜面来回反射，光的运动方向垂直于镜面。

对飞船上的观察者来说，飞船是静止的（相对性原理），光在镜子中来回跑一次距离是 $2D$，时间是 $\Delta t_0 = \dfrac{2D}{c}$。

从地面的观察者来说，飞船上的光到达上面镜子时，镜子已经运动了一段距离，光的运动路线并不垂直于地面，而是倾斜的。光从下面镜子跑到上面镜子，再跑回来，经过了时间 Δt，经过的行程 $2s = c\Delta t$，而飞船运动距离为 $2L = v\Delta t$。

巧用勾股定律

根据勾股定理 $D^2 + L^2 = s^2$，也就是：

$$\left(\frac{c\Delta t_0}{2}\right)^2 + \left(\frac{v\Delta t}{2}\right)^2 = \left(\frac{c\Delta t}{2}\right)^2$$

见证奇迹的时刻到了！移项变形得到下面的公式：

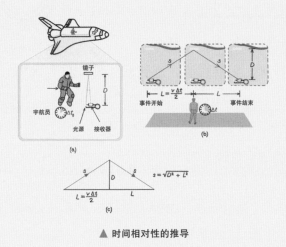

$$\Delta t_0 = \sqrt{1 - \frac{v^2}{c^2}} \, \Delta t$$

▲ 时间相对性的推导

飞船上的时间，和地球上的时间，不一样！

在飞船上的时间要小于地面上的时间，时间相对地膨胀了（变慢了）！

飞船的速度越接近光速，船上的时间就越慢。当然，如果飞船速度远远小于光速（就是我们现在的科技水平），根号里的值约等于1，两边的时间相差很小。也就是说，如果速度不是很快，伽利略和牛顿的定律依然适用。

现在让你静一静，自己捋一捋。

时间是相对的

假设你的同桌小明，坐了航速是 0.9c（光速的 90%）的宇宙飞船，去 9 个光年远的 B612 星球看望小王子的故乡和那朵玫瑰，在你看来他 10 年后到达（9/0.9），没问题吧？

好，小明有问题了。根据爱因斯坦的相对论公式，小明在飞船上度过的时间是：

$$\Delta t_0 = \sqrt{1 - \frac{v^2}{c^2}} \, \Delta t = \sqrt{1 - 0.9^2} \times 10 \text{ 年} = 4.36 \text{ 年}$$

只有 4.36 年。怎么会这样？不是说好的要 10 年吗？

10 年后，只长了 4 岁多，倒是和小王子有很多共同语言呢。

根据距离等于速度乘以时间，在小明看来，他的速度是

0.9c，他的航行时间 4.36 年，那么，他飞行了 3.92 光年的距离（0.9×4.36）——在地球上看 9 光年的距离，在飞船上看却只有 3.92 光年的距离，距离缩短了！

如果飞船速度是 0.9999c，会怎么样？

$$\Delta t_0 = \sqrt{1 - \frac{v^2}{c^2}}\ \Delta t = \sqrt{1 - 0.9999^2} \times 10\ 年 = 0.014\ 年 = 5\ 天$$

小明自己只感觉到过了 5 天，就飞到 B612 星球，见到了那朵玫瑰。在你看来却是过了 9 年多（9 / 0.9999）。

更玄妙的是，小明的质量增加了。他并不是长成小胖墩，而是在高速的飞船上，所有的物体都会增加质量。如果在地球上小明的质量是 m，在飞船上就是：

$$\frac{m}{\sqrt{1 - \frac{v^2}{c^2}}}$$

这个怎么理解呢？因为速度可以转换成动能，而按照质能方程，能量又可以转化成质量。

当飞船速度无限接近光速的时候，质量接近无穷大。所以，飞船不可能加速到光速，只能无限接近光速。

自从爱因斯坦的狭义相对论发表之后，时间的这种相对性，就常常出现在很多科幻小说和电影里。《星际穿越》中的父亲从星际回来的时候，女儿已经垂垂老矣。你再去看一遍电影，回头来看这个推导，是不是觉得电影编剧并没有忽悠人？他的宝典就是爱因斯坦的狭义相对论。

（图片来源：wiki）

▲《星际穿越》中的父女

（图片来源：www.theworkprint.com）

广义相对论：
新的时空观

牛顿虽然发现了万有引力，但是，这个引力是怎么来的，牛顿无法回答。他找到了上帝的"第一推动力"。

而在爱因斯坦的狭义相对论里，讲的是匀速运动的惯性参照系，也没有引力的"掺和"。

"妹娃子要过河，有哪个来推我吗？"如果妹娃子坐在密封的船舱里，根据伽利略的观点，她是不晓得船是静止还是做匀速运动的。但是，如果给船一个加速度，会产生什么结果？妹娃子会感觉到一个推力。即使没有学过牛顿力学，她也能判断船移动了。这和我们坐在车上司机突然刹车或者踩油门之后的感觉一样。

但是，爱因斯坦却更近一步大胆设想：妹娃子感觉到了加速，感觉到了推力，但是，却没法子知道是因为艄公推了一把，还是因为前面突然出现了一个巨大的物体造成了引力增加——这个想法够大胆、够浪漫。

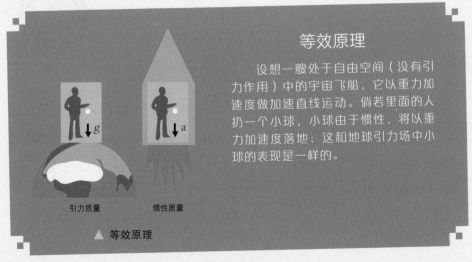

等效原理

设想一艘处于自由空间（没有引力作用）中的宇宙飞船，它以重力加速度做加速直线运动。倘若里面的人扔一个小球，小球由于惯性，将以重力加速度落地；这和地球引力场中小球的表现是一样的。

引力质量　　　　惯性质量

▲ 等效原理

▲ 地球引力场："凹陷的蹦蹦床"

据说当时爱因斯坦做了一个梦，他坐在一个电梯里，电梯突然启动。他灵感闪现，提出了一个"电梯"思想实验：设想宇航员小明站在密封的电梯里，电梯突然坏了，自由坠落。科学上的说法是相对于地面做自由落体运动，小明也同样做自由落体运动。小明有过太空失重的经验，他一下子蒙了，他无法分辨自己是和电梯一起在外太空飘浮呢，还是电梯在坠落，因为两者的感觉是一模一样的！

这是思想实验，请自动忽略惊叫声、电缆摩擦声等蒙太奇镜头。

换一个角度，如果小明真正在外太空，乘坐一艘以重力加速度加速前进的飞船，那么，他会感到飞船地板对他有支持力，感到重力，却无法辨清是在地球上还是在飞船上。

两个例子简单归结为一点，就是引力与加速度等效，这就是等效原理。

爱因斯坦说
"万有引力不存在"！

相对性原理和等效原理揭示了一个残酷的真相：我们人的判断是这样局限，感觉不到真实的世界。在伽利略那里，无法分辨静止还是匀速。在爱因斯坦那里，无法分辨是太空失重还是电梯坠落，是飞船加速还是地球引力。

爱因斯坦根据这个思路和假设继续推导，得到了广义相对论，认为根本就不存在所谓的万有引力！

我们在蹦床上放一个大铁球，会出现什么情况？

蹦蹦床因为铁球的重量而凹陷下去了，这个就是地球引力场的形象化类比。

地球的重力，让四周的空间像蹦蹦床一样弯曲凹陷了！

那么，我们平时说的万有引力怎么体现呢？很简单，在蹦蹦床上的其他东西，都会因为凹陷而情不自禁被"吸引"过去。

用一句比较诗意优雅的话来说就是：物质告诉时空怎么弯曲，时空告诉物质怎么运动。

引力透镜

爱因斯坦在《引力对光传播的影响》一文中，讨论了遥远星星的光线经过太阳附近时，由于太阳引力的作用会产生弯曲，好像经过了一个透镜（引力透镜），并且指出这一现象可以在日全食进行观测。这在当时是异想天开的想法，引力居然会让光线弯曲！我们地球怎么没有造成光线弯曲呢？爱因斯坦说了，地球的质量不够大，即使是太阳的质量也只能引起光线非常细微的弯曲。

1919 年日全食期间，英国皇家学会和英国皇家天文学会派出了

引力透镜

根据爱因斯坦广义相对论可知，光在空间中因为引力而沿着曲线传播

◄ 光线在引力场中的弯曲和引力透镜

由爱丁顿等人率领的两支观测队，分赴西非几内亚湾的普林西比岛和巴西的索布拉尔两地观测。他们真的观测到了光线的偏转，并且和爱因斯坦的理论预期基本相符。

山上和山下的时钟不一样

爱因斯坦的广义相对论还得到一个让人大跌眼镜的推论：时间流逝速度取决于人所处位置。时钟离开重力源越远，运转越快；反之，越靠近重力源，运转越慢。

依照这一理论，美国科学家借助超级精准时钟验证处于不同高度的时钟速度变化，结果发现所处位置越高，时间过得越快，或可理解为，人"老"得越快。当然，这种衰老速度差异微乎其微。一个生活在美国城市纽约 102 层帝国大厦楼顶上的人，比生活在楼底大街上的人，每秒衰老速度快一亿分之一秒；也就是说，两个在楼上楼下生活了 100 年的老人，楼上的要比楼下的老 31 秒钟。

▲ 山上的人老得快，不同高度的时间快慢不一样

（图片来源：library.si.edu）

超奇的想象力

爱因斯坦说过："想象力比知识更重要，因为知识是有限的，而想象力概括着世界上的一切，推动着进步，并且是知识进化的源泉。严格地说，想象力是科学研究中的实在因素。"

在飞机才开始试飞的年代，爱因斯坦就能想象星际旅行，就能让想象力以光的速度飞翔。这种天马行空的想象力，让他在科学的宇宙间自由翱翔。

相对论，仅仅几行简单的公式。100多年以来，人们已经从中发现时光旅行之奥秘、原子裂变之巨能、黑洞等奇妙现象。这100多年人们对于宏观世界的探索，实际上就是不断验证相对论的过程。爱因斯坦的想象力，引领了人们100多年。

1955年，为了纪念当年去世的爱因斯坦，人们把第99个元素命名为 Einsteinium。早期的中文翻译是"鑀"，现在翻译成"锿"。

爱因斯坦的天才之处，在于通过想象力去思考物理学问题，非常善于"思想实验"。这些"思想实验"是相对论的灵感源泉。

运动的物体时间会变慢；

运动的物体长度会变短；

运动的物体质量会变重；

质量和能量可以转换；

引力可以让光线弯曲；

引力波；

离开引力源不同高度的时间不一样快。

三思小练习

1. 用勾股定理推导狭义相对论公式。

2. 在蹦床上放一个铁球，看床面的凹陷，这就是重力造成的空间弯曲。

3. 再在放了铁球的蹦床上扔一个小弹珠，看它怎么绕着铁球旋转，又如何慢慢滑向铁球的。这就是"物质告诉时空怎么弯曲，时空告诉物质怎么运动"。

相对论的世界

时间是相对的，
如果你离开B612星球，
花的等待，
比你的流浪更漫长久远。

距离是相对的，
如果你看繁星满天，
像一朵朵盛开的花，
那么，天涯的梦就在枕边。

重量是相对的，
旅行中越来越沉，
是你的行囊和思念。

成长是相对的，
星空的钟表在变快，在变慢。

爱是相对的，
想握在掌间，
却坠落成秋叶，
沉沦为东逝的流水。

一切都是相对的，
唯一不变的呵，
是初见时的那一道光。

第4讲

波动还是粒子？
——关于光的百年大辩论

微粒说：
牛爵爷的一锤定音

在冬日的阳光下，伸出手，你能感觉到它的温暖，但是，它没有丝毫的重量。你想握住它，它又从你的掌间溜走，贴在你紧握的拳头之上。这阳光，到底是什么？

300 多年前，用三棱镜做光的折射实验的牛顿说：光是由一颗颗像小弹丸一样的微粒组成的。

你看，光是沿直线传播的，碰到镜子会反弹，碰到水会折射。这完完全全是微粒的特性啊。只是因为微粒太小，我们看不清那些细小的弹丸。还有哦，光里面的小弹丸是五颜六色的。

这正是"你如同多棱镜我从未真正看清，不同的视角让我迷惑何时清醒"。

《物理世界》期刊曾经评选过历史上最出色的十大物理实验，第四名就是牛顿的三棱镜折射实验。

（图片来源：library.si.edu）

▲ 牛顿的三棱镜折射实验

可是，很奇怪，当你点亮两根蜡烛的时候，两束在空间交叉的光线，为什么能彼此互不干扰地独立前行？你听不到任何"噼噼啪啪"撞击的声音，看不到小弹丸碰撞后改变方向的现象。

为了解释这个现象，和牛顿同时代的荷兰物理学家惠更斯，提出了与微粒说相对立的波动说。惠更斯认为光是一种机械波，由发光物体振动引起，依靠一种特殊的叫作"以太"的弹性媒质来传播。波动说不但解释了几束光线在空间相遇不发生碰撞而独立传播的现象，而且也能解释光的反射和折射现象。

从此就拉开了近代科学史上关于光究竟是微粒还是波动的激烈论争的序幕。

由于牛爵爷在学术界久负盛名，他的拥护者对波动说全盘否定，把波动说压了下去，致使它在很长时间内几乎销声匿迹。而微粒说盛极一时，在 18 世纪称雄整个光学界。

第一回合：微粒说胜出，牛爵爷"先进一球"。

波动说：
杨医生的有力反击

有一位年仅 28 岁的英国医生，在 1801 年做了一个实验，引起了轰动，再次为光的波动说提供了有力的证据。

这位医生叫托马斯·杨，他做的实验叫"杨氏双缝干涉实验"：

在一支蜡烛的前面，放一张开了一条缝隙的纸，这样就形成了一个比较集中的"点"光源。

在纸后面再放第二张纸，在上面开两道平行的狭缝。

托马斯·杨认为，如果光是微粒组成的话，从缝隙中射出的光穿过两道狭缝投到屏幕上，会形成两道条纹。

但是，实际观测到的是一系列明暗交替的条纹，这和水面上两道涟漪相遇而形成的纹路一样。

▲ 托马斯·杨和他的双缝干涉实验图

干涉现象是波特有的，因此，如果出现了干涉条纹，就证明了光是一种波。 光波遇到了两道狭缝，形成了两个波源。当左边出来的波峰与右边出来的波峰相遇的时候，强强叠加，就会变得更加明亮；而当左边出来的波峰与右边出来的波谷相遇的时候，两相抵消，就会变暗，从而在屏幕上形成明暗相间的干涉条纹。这个实验，无可辩驳地证明了光是一种波。

杨医生说："尽管我仰慕牛顿的大名，但我并不因此非得认为他是百无一失的。我遗憾地看到，他也会弄错，而他的权威也许有时阻碍了科学的进步。"

不会玩双缝实验的医生，不是一个好射手。杨医生为"波动队""扳回一球"。

前面介绍的历史上最出色的十大物理实验，第五名就是这个杨氏双缝干涉实验。

到 19 世纪 60 年代，麦克斯韦在研究电磁学的时候，发现电磁波的速度居然和光速一样，大胆猜测光是电磁波的一种。到 19 世纪 80 年代，赫兹通过实验证实了电磁波的存在，并证明电磁波确实同光一样，能够产生反射、折射、干涉、衍射和偏振等现象。

利用光的电磁波学说，对于以前发现的各种光学现象，都可以做出圆满的解释。这一切使波动说在同微粒说的论战中，取得了无可争辩的胜利。

光子说：
爱因斯坦的隔空助攻

　　1887 年，德国科学家赫兹发现光照射到某些物质上，会引起物质的电性质发生变化：当电极受到紫外线的照射，火花放电就变得容易产生。这一现象被称为光电效应。

　　人们对光电效应进行了大量的研究，认识了以下两个基本事实：

　　对于某种特定金属来说，光是否能"解放"出电子，只和光的频率有关。频率高的光线（紫外线），能"解放"出电子，让电子从金属中逃逸出来，而频率低的光（红光、黄光），则一个电子也"解放"不出来。

　　能否"解放"出电子，和光强无关，再弱的紫外线也能"解放"出电子，再强的红光也无能为力。如果一种光能够使电子"解放"，那么当光强增加，其"解放"的电子数量也增加。

因为光照射到表面而发射电子的现象，叫光电效应。

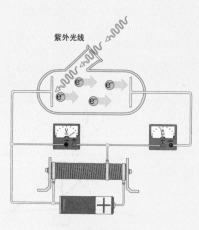

紫外光线

▲ 光电效应实验

总而言之，对于特定的金属，能不能"解放"出电子，由光的频率说了算。而"解放"出多少电子，则由光的强度说了算。

　　从波动说的观点看，光电效应是绝对无法理解的。因此，波动说完全陷入了困境。至此，光的微粒说又昂首挺胸，活跃在科学的舞台上。

　　你看，赫兹干的事，就好比足球比赛中，二号运动员赫兹两边都攻进一球，不知道他是哪一边的。

　　1900 年，之前提到过的玻尔兹曼的助手普朗克，在研究黑体辐射的时候，提出了能量只能是一份一份的新观点，彻底颠覆了经典物理中能量可以连续变化的固有定式。能量也像基本粒子一样，有最基本的单位，不能一直细分到无限小。

　　1905 年，当时还是瑞士专利局公务员的爱因斯坦，借鉴了普朗克"能量不连续"的学说，提出了一个概念：光量子。

　　它的能量是由普朗克公式决定的。让我们迎接量子物理中最重要的公式之一，著名的普朗克公式：

$$E=h\nu$$

　　E 就是单个光子的能量，h 是普朗克常数，约等于 6.626×10^{-34} J·s，是我们宇宙最重要的三个常数之一（另两个是引力常数 G 和光速 c），ν 是光的频率。

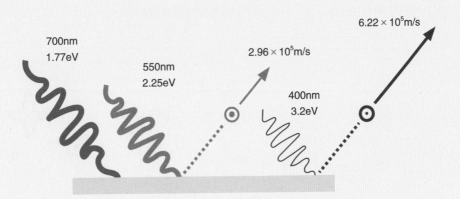

700nm
1.77eV

550nm
2.25eV

2.96×10^{5}m/s

400nm
3.2eV

6.22×10^{5}m/s

▲ 能不能"解放"出电子，由光的频率说了算

在这个例子中，钾需要 2eV（电子伏特）的能量才能"解放"出电子。

当入射光的波长是 700nm 时 (nm 是纳米，即 10^{-9}m，相应光子的能量是 1.77eV)，能量不够 2eV，电子不能被"解放"。

当入射光的波长是 550nm 时 (波长变短了，频率变高了，相应光子的能量是 2.25eV，超过了 2eV)，能量够了，电子被"解放"了出来，电子飞出的速度是 2.96×10^{5}m/s。

当入射光的波长是 400nm 时 (波长变更短了，频率变得更高了，相应光子的能量是 3.2eV)，能量够了，电子被"解放"了出来，电子飞出的速度更快了，6.22×10^{5}m/s。

引入光量子概念之后，困扰科学家的光电效应的难题一下子迎刃而解了。爱因斯坦因为光电效应的光子解释，获得了诺贝尔物理学奖。

光，又被爱因斯坦变成了离散的粒子。

赫兹、普朗克、爱因斯坦联手出击，为"微粒队"攻进漂亮的一球！

物理学家被迫承认，除波动性质以外，光也具有粒子性质。当然，爱因斯坦的光子是不同于牛顿的小弹丸的。

波动的反击：
研究生的弱光双缝实验

杨氏双缝实验之后 100 多年的 1909 年，又有一位英国年轻人重做了这个实验，又一次引起了轰动。

这位年轻人叫泰勒，他当时还是一位在读研究生。他研究了爱因斯坦的光量子论文，接受了光是一种粒子的理论。

他在光源后加了一层烟熏玻璃，使得光的强度变得非常小，以至于双缝的光子可以被看作是一个个陆续到达的。

这个"弱光"双缝实验，后来被解读为单光子双缝实验，好比用一把"光子枪"，把光子一个接着一个地朝着双缝发射。请注意，这里的细节和重点是：光子是"一个接着一个"发射的，中间是有时间间隔的（约几毫秒），而不像杨氏实验里的烛光是一直亮着的。

因为是非常弱的光，要在感光屏幕上留下光影，需要很长的曝光时间。整个实验历时三个月。

按照光子的粒子特性，当这些光子一个一个飞到双缝前，有的被挡住，而穿缝而过的光子，应该在后面的探测屏幕上留下两道痕迹。但是，实验结果出人意料，记录下来的是类似于杨氏双缝实验的干涉条纹。

明明是一个个发射出去的光子，怎么会产生类似于波的干涉条纹呢？

如果一个光子从左边的缝穿过，而后面一个光子从右边的缝穿过，它们是先后隔开了几个毫秒到达屏幕不同的位置，既不同时，也不同地，怎么可能发生干涉？

难道是光子在穿过缝隙的时候，"神奇地"一分为二，变成了两个带有"波"特性的东西，既在这里，也在那里，自己和自己发生了干涉？

这些想法，隐隐地指向了量子力学。我们将在后面详尽讨论。

真是"波动子弟多才俊，卷土重来未可知"。泰勒利用"烟熏妆"为波动再下一城。

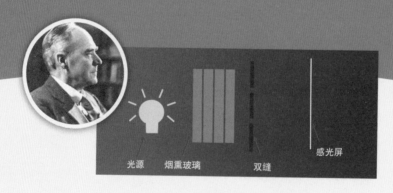

光源　烟熏玻璃　　双缝　　　　　感光屏

▲ 泰勒和弱光双缝实验

波粒二象：
历史系学生的天才想象

是波，还是粒子，这个争论最后要靠一位天才历史系学生来决断了。

这位叫德布罗意（1892—1987年）的"仲裁者"，出身于法国的一个古老贵族家庭。德布罗意家族一直显赫于政界、军界，200年里走出过一位总理、一位国会领袖，多位部长、高级军官和驻外大使等。

学习历史，长大后当外交官，是家庭给德布罗意安排的一条职业之路。他18岁便获得历史学学士学位。19岁时，他听到关于光、辐射、量子性质等问题的讨论后，激起了对物理学的强烈兴趣，因而转向研究理论物理学。21岁他又获理学学士学位。

一些科普文章，是这样描写德布罗意的：纨绔子弟不学历史竟跨界量子物理，不学无术还差点毕不了业，只能靠"拼爹"走后门，东拼西凑了一页纸的论文，便混得博士学位。没想到剧情反转，论文被爱因斯坦看中，最后还拿下诺贝尔物理学奖。

这些完全是歪曲事实，只不过是为了追求故事效果的谣传。

▲ 德布罗意

德布罗意在研究 X 射线时，对 X 射线"时而显现出波动性，时而显现出粒子性"产生了疑问。他大胆提出，不但是光具有波粒二象性，所有微观粒子都具有波粒二象性，甚至可以推广到所有宏观的物质上。

1924 年 11 月，他写出了一篇博士论文，题为《量子理论的研究》。文中运用了两个最亮眼的公式：

$$E=hv$$

$$E=mc^2$$

前者是光子能量公式，后者是质能方程。另外加上波长和频率的换算公式：

$$v=\frac{c}{\lambda}$$

德布罗意把这哥仨综合起来：

$$\lambda=\frac{h}{mc}$$

上面的推导只需要小学的数学知识就可以了，你愿意再次用小学的数学技巧接受诺贝尔奖获得者的挑战吗？

最后，因为物质的速度达不到光速 c，于是用一个运动速度 u 代替：

$$\lambda=\frac{h}{mu}$$

$$波长 = \frac{普朗克常数}{质量 \times 速度}$$

推导过程虽简单，但是，里面涉及的物理概念突破却是惊人的，当时那么多天才的脑袋都没有想到：

任何运动的物质都伴随着一种波动。

这种波称为相位波，后人也称之为物质波或德布罗意波。"我们都有一个波，名字叫德布罗意波。"

比如 70 千克的我，以 8 米 / 秒的速度进行百米冲刺，我的德布罗意波长为 1.18×10^{-36} 米。一个电子的大小都有 10^{-15} 米，这么小的波长，你当然看不出来啦。而且，波长只和质量速度的乘积相关，走得慢的胖子和跑得快的运动员，可以有一样的波长。虽然这辈子没办法跑得和刘翔一样快了，但是，还是有希望和刘翔有一样的德布罗意波长。

爱因斯坦看完德布罗意的论文后，为论文中超前的思想动容："看起来虽像出自疯子的文章，但非常有道理"，是"天才的一笔"，还"揭开了伟大帷幕的一角"。

之后，爱因斯坦还根据德布罗意的理论专门写了一篇论文，高度赞扬和强调德布罗意论文中思想的重要性。

原本因为太超前无人问津的德布罗意的论文，在得到爱因斯坦的高度评价后，才在科学界引起了关注。

他的天才想法，获得了 1929 年的诺贝尔物理学奖。

他是历史上第一位靠博士论文就获得诺贝尔奖的科学家，出道即巅峰，亮剑即"独孤九剑"。当初德布罗意的论文真的只有一页纸吗？当然不是，实际上德布罗意的论文有 100 多页，其英文译本也有 70 多页。

日后，薛定谔从德布罗意波得到灵感，推导出了量子力学的波动方程——薛定谔方程，获得了 1933 年的诺贝尔物理学奖。

而用实验证明了德布罗意波的戴维森和小汤姆逊，获得了 1937 年的诺贝尔物理学奖。他们用实验证明了德布罗意的假定：微观粒子（电子、原子等）都具有波动 / 粒子双重性。

德布罗意，不仅让光的波粒之争有了定论，更解释了微观世界中的普遍规律。

"半路出家"的德布罗意，绝对不是靠运气才在科学史上留下

闪亮的身影的。

按爵位来说，本书的科学家中，德布罗意是最高的，是公爵。出身高贵却低调，身为公爵却朴素，这样一位才华横溢的科学家却被谣传成花花公子，真让人无奈。

"你是波，你是粒，你是二象的神话"，波粒之争，在德布罗意出现后，握手言和了。

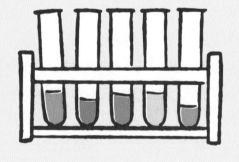

世纪接力赛

从 17 世纪的微粒说和波动说，再到 20 世纪的波粒二象性，科学家用了 200 多年的时间，揭开了光的本质。这个过程充满了曲折、反复、争议甚至戏剧性，好像一场精彩纷呈的足球比赛。

揭开阳光真身的比赛开始，牛顿手执三棱镜，化出赤橙黄绿青蓝紫无数小球，给惠更斯一个措手不及。100 多年，主场优势占尽。

杨医生用手术刀割开两条窄缝，明暗相间的条纹，十面埋伏的波浪，滚滚而来。

"赫""普""爱"三驾马车在光电上驰骋，行云流水地配合，为粒子的回归喝彩。

而后，烟熏的玻璃，让单个光子展示波的神功。

最后，德布罗意公爵的一声哨起，让 200 多年的赛局终于结束，让"波粒二象"握手言和。

你是不是觉得这个过程有点像盲人摸象？以为找到了真相，却只是摸到大象的牙、尾巴、鼻子、大腿和肚子。

但是，实验和推理"治好"了人的双眼，让眼睛感受到外面世界微弱的光。而所有前辈积累起来的个体观察、局部正确的知识、似是而非的观点，都被慢慢厘清，最后汇总成一幅清晰而又完整的图像，让我们看清世界的真相。

这个探索世界、探索科学的过程，前赴后继、积少成多，有争议、有互惠，有舍弃、有继承，本身就是人类逐渐掌握的武器。

　　科学的探索，从来都不是一蹴而就的。宇宙，是一名循循善诱的良师，它不愿在一堂课之内就把所有知识和奥秘和盘托出。它喜欢循序渐进，用智慧生命可以接受的难度和进度，分段教诲。

三思小练习

　　1. 用三棱镜跟着牛顿做光学实验，看看白色的光是怎么折射出彩虹的颜色的。

　　2. 在平静的水面上扔两颗石子，看波的涟漪是如何干涉的。

　　3. 用纸片和蜡烛，做双缝实验。

光的真相

一道光，穿过鸿蒙，
三棱镜，卷起光暗世界的门帘，
映出雨后的彩虹，
天宇中演一场，波和粒的纠缠恩怨。

越过乌有之国的缝隙，
再转出柔软的身段，
道道涟漪，在纸面画下起伏的山峦。

割裂出最细微的能量，
光与电联手，
把不连续的微观揭穿。

此刻，重重黑幕，
一道气息微弱到了极限。
既在此处，又在彼处，
干涉的波纹，又追溯到最初的本源。

两百多年后，终于看清，
棱镜中的两个人，
时而迎风起舞，时而粒粒细数。
德布罗意，是否真的擒拿住了
你在世界的真相？

第5讲

有谁不服？
——史上最强科学豪门

给地球测重量的"富二代""科学怪杰"

阿基米德在发现了杠杆原理之后，发出了豪言壮语："给我一个支点，我就能够撬动地球。"阿基米德决定要撬起地球这个腰围雄伟的胖子的时候，根本还不知道它有多重。

给地球称重量的是十八九世纪的"科学怪杰"亨利·卡文迪许（1731—1810 年）。

这是卡文迪许用来测量地球比重的扭秤模型示意图。

这个扭秤的主要部分是一个轻而结实的 T 形框架，把这个 T 形架子倒挂在一根石英丝下。如果在 T 形架的两端施加两个大小相等、方向相反的力，石英丝就会扭转一个角度。力越大，扭转的角度也越大。反过来，如果测出 T 形架转过的角度，也就可以算出 T 形架两端所受力的大小。

在 T 形架的两端各固定一个小球 m，再在每个小球的附近各放一个大球 M，大小两个球间的距离是较容易测定的。

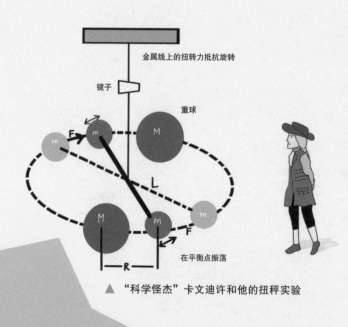

金属线上的扭转力抵抗旋转

镜子

重球

在平衡点振荡

▲ "科学怪杰"卡文迪许和他的扭秤实验

好了，万事俱备。根据万有引力定律，大球会对小球产生引力，T形架会随之扭转。只要测出其扭转的角度，就可以测出引力的大小。

但是，由于引力很小，这个扭转的角度会很小。怎样才能把这个非常细微的角度测出来呢？

你有没有用小镜子玩过太阳光斑的游戏？在阳光下用镜子（用手机屏幕也可以）对着太阳光，太阳光会有一个反射的光斑投射到墙上，然后，微微转动镜子，你会发现光斑会嗖地溜到墙的另一边。这个光斑，会把你手上细微的动作放大。

卡文迪许在T形架上装了一面小镜子，用一束光射向镜子，经镜子反射后的光射向远处的刻度尺。当镜子与T形架一起发生一个很小的转动时，刻度尺上的光斑会发生较大的移动。这样，就起到了放大的效果。通过测定光斑的移动，测定了T形架在放置大球后扭转的角度，从而测定了此时大球对小球的引力。

卡文迪许将扭秤安装在一个密不透风的房间里，然后在远处用望远镜观测数据。

根据卡文迪许的实验记录，他测算出的地球密度为水密度的5.481倍，也就是5.481克/立方厘米，这个值与今天的数据相比仅有0.65%的误差。

至于万有引力常数G，卡文迪许并没有计算出来。但是，他的实验记录中计算G的数据已经齐全，后人很容易就能够算出引力常数，而且相当精准。虽然卡文迪许离万有引力常数还有一步之遥，但人们为了纪念这位伟大的实验物理学家，还是将测出引力常数G的头衔授予了卡文迪许。

《物理世界》曾经评选过历史上最出色的十大物理实验，第六名就是卡文迪许的扭秤实验。

让我们来更多地了解一下这位"科学怪杰"的事迹。

低调高产的科学家

他出身豪门，爷爷是公爵。他是个"富二代"，却专心致志做研究。他有孤僻症，连跟管家的交流都不是口头的，而是传小纸条，比如：昨晚的土豆很好吃，今天多加一个，我要测密度。

他还是一位化学家：发现了氢气；证明了空气中有20%多的成分是氧气；实验证明了氧和氢可以生成水；发现了空气中有$\frac{1}{120}$的气体不和任何东西发生反应，"天生懒惰"（是惰性气体）。

他还发现了电学上的库仑定律、欧姆定律等，但是，卡文迪许做的事情大多记在日记里，没有发表，直到他去世后很多年才被发现。

他的亲戚后来把20多捆科学日记交给麦克斯韦，麦克斯韦立马"转粉"，大为赞叹：卡文迪许也许是有史以来最伟大的实验物理学家，他几乎预料到电学上的所有伟大事实。

麦克斯韦在他生命的最后几年，专心整理卡文迪许的日记，让世人更多地了解卡文迪许的科学贡献。同时，他筹建了卡文迪许实验室，并担任第一代掌门人——实验室主任。

这个卡文迪许实验室，就是本文要介绍的重点，从这里先后走出了29位诺贝尔奖获得者，成为科学史上的一个奇迹。科学的传承，在这个实验室里显示出了勃勃的生机。

严谨的第二代掌门

麦克斯韦去世后，担任卡文迪许实验室主任的是著名的科学家斯特列特。因为他祖父被英国皇室封为瑞利（Rayleigh）男爵，他是第三世，所以，在科学史上不称他为斯特列特，而称他瑞利。他是英国又一位世界闻名的勋爵科学家。

瑞利（1842—1919 年）是注重严格定量研究的科学家，作风极为严谨。

他发现从液态空气中分馏出来的氮，密度为 1.2572 克 / 立方厘米，而用化学方法从亚硝酸铵直接得到的氮，密度却为 1.2505 克 / 立方厘米。两者数值相差千分之几，在小数点后第三位不相同。

碰到这种情况，有的科学家可能就当作实验误差放过了。但是，瑞利却认为这远远超出了实验误差范围，一定有尚未查清的因素在起作用，空气中的氮一定多了一点什么。经过 10 多年的实验和研究，他和另一位科学家一起发现了第一种惰性气体——氩，获得 1904 年诺贝尔物理学奖。这个惰性气体，是卡文迪许的小本子上曾经记录过的。

瑞利还有一项广为人知的发现，就是以他的名字命名的分子散射公式"瑞利散射定律"：

波长较短的蓝紫光，碰撞到空气中的分子，更容易向四周散射，难以穿透大气

▲ 瑞利

层，所以天空就成了蔚蓝色。

当空气中有雾霾时，波长比较长的红光也散射了，所以我们看不到蓝天。

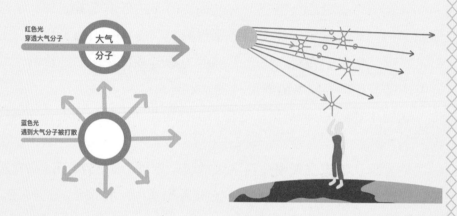

▲ 为什么天空是蓝色的

发现电子的第三代掌门

瑞利卸任实验室主任后，他的学生约瑟夫·约翰·汤姆逊（1856—1940年）接任掌门，当时仅28岁。

当时有科学家发明了一种放电管，在放电实验时正对着阴极的玻璃管壁上会产生绿色的辉光，命名为阴极射线。

阴极射线是由什么组成的？有的科学家说它是电磁波，有的科学家说它是由带电的原子所组成，有的则说是由带负电的微粒组成，众说纷纭。科学家们对于阴极射线本质的争论，竟延续了20多年，得不出公认的结论。

最后到了1897年，汤姆逊做了一个实验，真相才得以大白。汤姆逊用一块蹄形磁铁放在射线管的外面，结果发现阴极射线发生了偏折。根据偏折的方向，他判断射线是带负电的。而且通过大量的实验和计算，他发现这种粒子的质量大约是氢原子的两千分之一。因为氢原子是当时已知的最小的原子，电子这么小，它肯定是原子里面的一小部分。所以，原子是可以继续细分下去的。这在当时是非常大胆的假设，因为此前的科学家都认为原子是组成世界的最小的微粒。

▲ 汤姆逊和阴极射线管

（图片来源：www.fnal.gov）

　　汤姆逊提出了第一个原子模型——被称作"葡萄干布丁"（其实更像西瓜）的模型。这个模型认为物质是由若干"中性"的原子组成的，其中有带正电荷的"物质"，就像西瓜瓤，还有一定数量的带负电的电子，就像西瓜子。正电"物质"的电荷量和电子的电荷量绝对值相等，这样就中和了电性。

　　汤姆森因为发现电子，而在1906年被授予诺贝尔物理学奖。

　　汤姆逊对自己的学生要求非常严格，他要求学生在开始做研究之前，必须学好所需要的实验技术。他认为大学应是培养会思考、有独立工作能力的人才的场所，不是用"现成的机器"造出"死的成品"的工厂。因此，他坚持不让学生使用现成的仪器，进行研究所用的仪器全要学生自己动手制作。学生不仅是实验的观察者，更是实验的创造者。

　　汤姆逊领导卡文迪许实验室30多年，形成了优良的科研传统。卢瑟福、威尔逊、泰勒以及他儿子小汤姆逊，都是汤姆逊的学生，他们都成了著名的科学家。在他的学生中，有9位获得了诺贝尔奖，使这座著名实验室成为诺贝尔奖获得者的摇篮。

　　有趣的是他的儿子小汤姆逊的贡献也和电子有关，老爸发现了电子是一种粒子，而他的实验则证明电子也可以衍射，具有波动的特点，并摘得1937年诺贝尔物理学奖。一对父子前后获奖，那绝对是子承父业的骄傲。

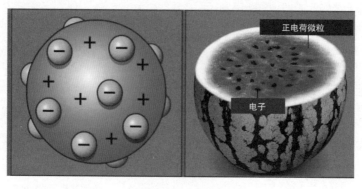

▲ 汤姆逊的原子模型

轰开原子的第四代掌门

挖土豆的青年

1895 年，一份来自英国剑桥大学的通知书，改变了一个正在劳作的青年的命运，也改变了世界物理史的进程。

这个挖土豆的青年名叫卢瑟福（1871—1937 年）。他接到通知书后，扔掉挖土豆的锄头喊道："这是我挖的最后一个土豆啦！"

卢瑟福在汤姆逊的指导下做研究，想搞清楚原子内部有什么。**为了探测原子内部结构，最简单直接的办法就是找到一个合适的"子弹"去"射击"原子，看有什么情况发生。**

卢瑟福很快找到了这个合适的"子弹"——α 粒子。在天然放射线中，α 粒子（本质是氦原子核）带正电，具有较大的质量和较低的速度，最容易探测其运动轨迹。这个放射性的发现，为他赢得了 1908 年的诺贝尔化学奖。

大量有意义的科学发现还在后面。在 1909—1913 年，卢瑟福用 α 粒子去轰击很薄的金箔材料（小于 1 毫米）。他发现大部分 α 粒子都"如入无人之境"穿透过去了，只有一部分轨迹发生了偏转，说明它们受到了正电的排斥作用，其中还有万分之一的粒子是"如撞墙后原路弹回"的。《物理世界》曾经评选过历史上最出色的十大物理实验，第九名就是卢瑟福的金箔实验。

根据汤姆逊的模型，这是不可能实现的！好比一颗子弹射击西瓜，子弹不会反弹。老师的原子模型有错！

因为大部分 α 粒子穿过金箔，小部分偏转，极小部分反弹，这就暗示了原子里面很大部分是空的！中间又有一个很硬很小的核。

因此，卢瑟福提出了一种新的原子模型，即"行星原子"模型。在这个模型中，卢瑟福认为原子是由一个质量大（它拥有原子的大部分质量）、体积小（比原子的尺寸小得多）、带正电荷的原子核构成；在原子核的周围，电子绕核（就像行星围绕着太阳）做轨道运动。

卢瑟福后来接替他的老师担纲第四代掌门。在他的助手和学生中，先后荣获诺贝尔奖的竟多达 11 人。卡文迪许实验室因此又被后人称为"诺贝尔奖得主的幼儿园"——好嘛，从摇篮变成幼儿园了。

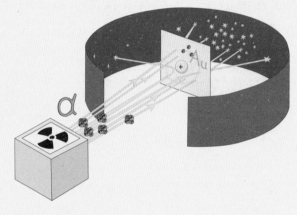

▲ 卢瑟福和金箔实验

被物理耽误了的
足球守门员

卢瑟福的"行星原子"模型有一个"命门"：带负电的电子绕着带正电的原子核运转，这个体系是不稳定的。旋转的电子会放射出强烈的电磁辐射，从而导致电子一点点地失去自己的能量。作为代价，它便不得不逐渐靠近原子核，直到最终"坠毁"在原子核上。整个过程不过一眨眼的工夫——"行星原子"模型构建的世界，转瞬之间就会把卢瑟福和他的实验室，所有的土豆，乃至整个地球和整个宇宙都变成一团混沌。

这时候，卢瑟福的学生丹麦人玻尔（1885—1962年）上来救场了。

玻尔家族不仅科学细胞发达，运动细胞也发达。玻尔是足球俱乐部的守门员。而他的弟弟不仅是数学家，还是丹麦奥运足球队的主力队员，在奥运会对法国队的比赛中，一人独进10球。

玻尔曾与卢瑟福一起工作过，并且非常了解卢瑟福的原子模型，知道其缺陷。他也知道德国物理学

▲ 玻尔

家普朗克提出的能量量子化概念，即分子和原子的能量不是连续变化，而只能取一些离散值。

他把这些结合到一起，突然灵感闪现，得到了新的原子模型。电子是围绕在原子核外围轨道上运行的（继承了"行星原子"模型的一部分）。但是，电子的轨道是离散的、量子化的，电子只能"乖乖地待在"这些特定的轨道上，不能以连续的方式从一个轨道跃迁到另一个轨道，这就避免了它们连续发出辐射而坍缩到原子核。

玻尔因为这个原子模型，获得了1922年诺贝尔物理学奖。

而他的儿子阿格·玻尔也在原子核物理学领域做出了杰出的贡献，并于1975年被授予诺贝尔物理学奖。阿格·玻尔生于1922年，也就是他父亲荣获诺贝尔奖章的那一年——从小看着诺贝尔奖章长大的人，长大后自个儿也挣来一枚奖章。

玻尔虽然没有当上卡文迪许实验室的掌门，但是，他是掌门的弟子，在物理史上贡献突出，何况，他还守过"门"。

和 X 射线纠缠一生的第五代掌门

接替卢瑟福担任第五代掌门的，是他的小师弟威廉·劳伦斯·布拉格爵士（1890—1971 年），这位在诺贝尔史上最年轻获奖者的纪录保持者。

布拉格的一生和 X 射线有不解之缘。他小时候，有一次骑自行车摔伤骨折。他的老爸威廉·亨利·布拉格就拿他来做实验，用 X 射线照射。他老爸就是澳大利亚史上最早用 X 射线的人。用当今流行的话说，"X 射线从娃娃照起"，布拉格赢在了起跑线上。

后来他老爸回英国做教授，他就拜入汤姆逊门下读研究生。

1912 年，普朗克的弟子劳厄发现，用 X 射线照射晶体会有漂亮的衍射条纹。这个发现为劳厄赢来了 1914 年的诺贝尔物理学奖，捷足先登于他的老师普朗克（普朗克的诺贝尔奖是 1918 年得的）。从劳厄的发现到获奖，只隔了 2 年，可见当时物理学界对这一成果的认可程度。

父子兵

当时没有人能解释为什么晶体会出现衍射条纹。布拉格和他的老爸一起合作研究。老爸说 X 射线是粒子，布拉格说 X 射线是波。最后布拉格说服了老爸，并一起推导出了 X 射线在晶体里衍射的公式。

这个公式只需要简单的几何知识就能够推导出来。学过初中几

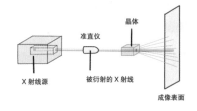

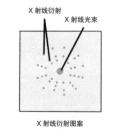

▲ X射线晶体衍射现象

何的同学，愿不愿意再次接受诺贝尔奖获得者的挑战？

X 射线以入射角 θ 在第一层晶体表面发生反射，在第二层晶体的表面也发生反射。如果两层晶格的间距是 d，那么，后面的波多走的路程是：

$$2dsin\theta$$

当这个值正好等于波长的倍数时，两个波会叠加，这就产生了衍射条纹——是不是比奥数简单？

父子俩在 1915 年（就是劳厄获奖后的第二年）获得诺贝尔物理学奖，这是诺贝尔奖历史上唯一的"父子档"。当时布拉格年仅 25 岁，是自然科学类诺贝尔奖最年轻的得主。这一纪录一直保持至今。当时正值第一次世界大战期间，得知自己获得诺贝尔物理学奖时，布拉格正在战场上挖战壕、啃土豆呢。

布拉格 25 岁得诺贝尔奖，时常被置于"拼爹"的风口浪尖。但是，他在各种偏见中依然专心研究，最后成为传奇。布拉格在担任卡文迪许实验室主任之后，成立了分子生物学实验室。DNA 双螺旋结构的灵感，就是产生于这个新建立的实验室。这一世纪大发现，有布拉格间接的功劳。实验室的研究人员就是用 X 光照射 DNA，得到了衍射条纹，从而猜测到它的结构。

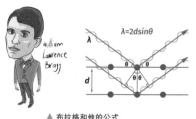

▲ 布拉格和他的公式

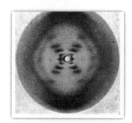

▲ DNA的X射线衍射条纹

科学的师承

科学的研究，需要一代又一代的有志之士薪火相传。

卡文迪许实验室，在其鼎盛时代一度奉献了世界科学一半的成果。这样的科学"豪门"，实属罕见。他们师徒接力、父子相传，好像浪潮相涌，攻克一个又一个科学难关，蔚为壮观。

如果说牛顿和爱因斯坦是绝世的"独行剑侠"，卡文迪许实验室就是善于培养人才的"大门派"。

科学研究的传承有很多种：有卡文迪许实验室老师的言传身教，有法拉第和麦克斯韦这样的忘年之交，也有第谷和开普勒的接力，还有哥白尼和牛顿隔着时空分别从阿里斯塔克与伽利略那里得到启迪。

其实，科学的传承不仅仅是这些。

当你从科学书上获得知识，从科学家的言行中得到启发和感动，你就得到了科学的传承。所有这样的传承，是人类在科学上不断进取的武器。

1. 瑞利散射解释了天空是蓝色的。你能不能用同样的原理，来解释晚霞是红色的？

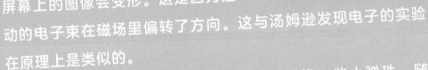

2. 找一台老式的显像管电视机或显示器，用一块磁铁靠近屏幕，屏幕上的图像会变形。这是因为运动的电子束在磁场里偏转了方向。这与汤姆逊发现电子的实验在原理上是类似的。

3. 在地板上放一个重一点的球，然后找一些小弹珠，随意扔到地板上。有多少弹珠正面碰到球弹了回来，有多少弹珠侧面碰到球偏离了原来的轨道，有多少弹珠长驱直入毫不受影响？这个游戏类似于卢瑟福的金箔实验。

科学之门

日影在大地之上，
星光在双眸之间，
好奇和见微的眼神，
看流水和光阴，
哪一个更悠远，哪一个更匆匆？

塔顶的人，放飞风中的牵挂。
谁在诗意的天空立法，
谁在雨后以彩虹作画，
等光与波相对，把天涯，
收进掌纹，握住灵感瞬间的火花。

你若入此门，
先找一块砺石。
十年之功磨出剑锋，
斩断迷雾，
将来路和去处仔细认准。

一招问天，
一招审地，
一招曲韵中舞，
一招格物中求。

一只青鸾，驮来机缘，
这一盏星际指路的灯，
就是师门内的传承。

第6讲

科学巅峰之战
——量子论剑

"颜值担当"的量子起源

据一些记载，1900年4月27日，英国著名物理学家威廉·汤姆逊（开尔文勋爵）在回顾物理学所取得的伟大成就时说："19世纪已将物理学大厦全部建成，今后物理学家的任务就是修饰、完善这座大厦了。"

同时他也提到物理学的天空也飘浮着两朵小小的令人不安的乌云：一朵是实验没有找到光的传播媒介"以太"，光速似乎是不变的；另一朵是黑体辐射的方程式在紫外光那里强度无穷大（紫外灾难）。

实际上，最近的历史学家研究发现，前面的"大厦"部分并不是开尔文勋爵说的，后面的"两朵乌云"才是他的原创。

开尔文勋爵的科学眼光是非常敏锐的。他提出的"两朵乌云"，预言了相对论和量子力学的诞生。

"大厦"之说的目光有点短视，和开尔文勋爵一贯的高水平不符。

就在"两朵乌云"刚"飘出"的那一年，德国的物理学家普朗克就提出了量子的概念，把黑体辐射的紫外灾难给"灭"了。

普朗克（1858—1947年），也就是给予爱因斯坦光子灵感的那位科学家，是20世纪物理界的"颜值担当"。

他曾经是玻尔兹曼的助手兼小"迷弟"。当年玻尔兹曼的熵公式，其实只是给出了"熵和微状态数的对数成正比"，里面并没有玻尔兹曼常数。这个玻尔兹曼常数是普朗克找到的。为了纪念他的偶像，他把这个常数命名为玻尔兹曼常数。

似乎和常数有缘，普朗克又发明了一个以他自己的名字命名的常数，和量子有关。

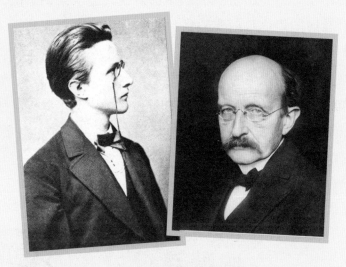

▲ 少年普朗克和老年普朗克

黑体辐射

这里先科普一下"黑体辐射"和"紫外灾难"。

在 19 世纪末，随着工业革命的热火朝天，冶金业也达到了前所未有的热度。而冶金业关键的技术之一，就是需要判断炉温。比如一块铁，当加热到了一定温度时，会变得暗红；温度再高些，它会变得橙黄；到了极度高温的时候，我们可以看到铁块呈现蓝白色，也就是说，不同温度的物体会有不同的辐射，温度越高，物体发出的光就会越偏蓝色，而温度低的物体颜色会偏红色。许多物理学家试图对这个物理现象进行解释，这在理论上就是"黑体辐射"问题。

紫外灾难

卡文迪许实验室的第二代掌门瑞利爵士，从第一代掌门麦克斯韦的理论出发，推导出了一个黑体辐射公式。从结果来说，公式完全符合低频时的黑体辐射实验结果。但是，当频率非常高（在紫外频段）时，这个定律完全不符合实际情况，它预测黑体将释放出无穷大的能量。这个荒谬的结论，被物理学家称为"紫外灾难"。

1900 年 12 月 14 日，普朗克在德国物理学会上发表了他的论文《黑体光谱中的能量分布》，其中引入了一个石破天惊的新概念：

能量的吸收和辐射，不是连续不断的，而是一份一份分立地进行的。

普朗克公式

那么这个基本能量单位究竟是多少？让我们再次迎接量子物理中最重要的公式之一，著名的普朗克公式：

$$E=hv$$

普朗克将这个基本单位称为"量子"（英文 quantum，来自拉丁文 *quantus*，含义是"多少""量"）。这种物体辐射或吸收能量只能一份一份地进行的新观点，彻底颠覆了经典物理中能量可以连续变化的固有定式，从数学上完美地诠释了黑体辐射光谱。

1918 年，普朗克因为这个定律获得诺贝尔物理学奖。

十分有趣的是，量子物理作为描述微观物理世界的法则，虽然是由玻尔、玻恩、薛定谔、海森堡等人创立的，但是，最早提出"量子"观念的科学家，却是后来一直反对量子物理的两位大宗师——普朗克和爱因斯坦。这两位对于量子物理，真的是"管生不管养"。

足球守门员和
小提琴手的对决

现在开始进入主题：

开始于 20 世纪 20 年代，物理学史上的一场震古烁今、气势恢宏、影响深远的论战。

论战的双方都是宗师级的人物：

爱因斯坦是小提琴手里最厉害的物理学家，在论战之前，获得 1921 年的诺贝尔物理学奖，被尊为自牛顿之后最伟大的物理学家。

玻尔，足球运动员里最厉害的物理学家，在论战之前，获得了 1922 年的诺贝尔物理学奖。

且看，两位这样重量级的大师进行科学论战，将会撞出怎样绚丽的火花！

论战的导火线和双缝实验有关。

科学家在研究双缝实验的时候，发现了很奇妙的现象，就是粒子的干涉条纹——泰勒让光子一个个经过窄缝，也能看到干涉条纹。

德布罗意认为光既是粒子又是波，具备波粒二象性。不

▲ 爱因斯坦和玻尔

仅光是如此，电子也是如此，所有的物质都是如此，都具备波粒二象性。

1926 年，为了描述微观粒子的"波"的特性以及微观粒子的状态随时间变化的规律，天才物理学家薛定谔（1887—1961 年）研究出了一组"波动函数"方程——薛定谔方程，为量子力学奠定了基础。从此，人们开始了一个改变物理观念的缓慢过程：微观世界的规律由量子力学做主，而不是牛顿力学做主。

但是，薛定谔在发明这组方程的时候，并不清楚这个"波动函数"到底在物理上对应的是一件什么东西。也就是说，他研究出了方程，但是，并没有完全清楚它的物理含义。

哥门三剑

就在大家还摸不着头脑的时候，哥本哈根学派的量子"惊世三剑"出世了！

"哥门第一剑"，是由玻恩发出的"概率之剑"：

剑的刺向是无法确定的，你不知道剑会刺向头部、肩部、手臂、胸膛还是腰，你只知道刺向各个位置的概率。

1926 年，玻恩提出薛定谔方程的"波动函数"对应的物理意义是"概率幅"。薛定谔方程找到的是粒子的概率幅分布。

在玻恩看来，薛定谔方程里的光子，已经不再是粒子，而是概率了！光子在穿过缝隙的时候，确实神奇地变成了两个带有"波"特性的东西，这个"波"是概率波，它和自己发生了干涉——这够神奇吧？

玻恩认为，在我们测量之前，微观粒子处于叠加态，它既在这里，也在那里，表现在空间分布和动量都是以一定概率存在的。等到我们测量时，粒子随机地选择一个单一结果表现出来，决定它的位置。就像我们在一个杯子里摇色子，当色子在空间翻滚的时候，每个点数的概率是 1/6。在杯子扣到桌面的一刹那，确定了点数。

玻恩的理论太过惊世骇俗，和人们长期以来形成的直觉相冲突，并不为大部分物理学家理解和接受，所以，直到 1954 年才获得诺贝尔物理学奖。在近 30 年之后，大家才普遍承认他的理论是对的。

"哥门第二剑"，是由玻尔发出的"坍缩之剑"：

剑的刺向不确定在哪里，但是在刺中你的一刹那，它确定了要刺的位置！

玻尔认为，虽然我们不知道粒子在哪里，但是，在我们"看"（观察）的瞬间，恰恰"看"到了粒子，也就意味着粒子确定它的位置了（粒子在这里好像有了自己的意识，玄不玄？），而在你"看"之前，它是不在那里的！这是玻尔对量子力学的哥本哈根诠释。从数学上来说，描述概率的波函数，在你观察的刹那间，突然"坍缩"（collapse）了，确定了它的取值。

玻尔大师的这种解释，在很多物理学家听来更像哲学家的"天花乱坠"。

从这个诠释可以演绎出多重宇宙：我们"观察"的方法影响并决定了结果，不同的"观察"就生成一个不同的世界。

再推演出去，如果被"看"的是一只"量子猫"，我们"看"之前不知道它是活的还是死的，我们"看"的瞬间决定了它的生死。这就是 1935 年后大名鼎鼎的"薛定谔猫"，只是当时还没有出现。

就在大家对前两剑还没有回过神来的时候，**"哥门第三剑"以迅雷不及掩耳之势来了——"不确定之剑"：**

你可以知道我剑的位置，但无法判断我出剑的速度；如果你判断了我出剑的速度，你就无法明确我剑的位置。

海森堡认为，我们不可能同时知道一个粒子的位置和它的动量，位置测定得越准确，动量的测定就越不准确，反之亦然。

哥本哈根派的"惊世三剑"，给传统物理学带来了翻天覆地的冲击。

以爱因斯坦为首的传统物理学家，相信世界是有规律可循的，如往桌子上抛一枚硬币，如果人们知道硬币飞起的所有力学数据，那么是可以算出硬币落下时是正还是反的。我们不用抬头看，就会知道月亮在哪里。一铁锹下去，土豆本来在地下，有就是有，没有就是没有。不然，你让挖土豆的卢瑟福老师情何以堪？

爱因斯坦坚定地认为这个世界受绝对的因果律控制，即 A 导致 B，B 导致 C，C 导致 D……土地松软、通风良好导致土豆丰收。万事万物都讲究个来龙去脉，因果关系，有因必有果，有果必有因。

▲ 多重宇宙

第一回合：
"挖小孔"和"扔色子"

1927 年，第五次索尔维物理学会议在比利时的布鲁塞尔召开。与会者大多是那个时代物理学领域的领袖级人物，星光熠熠，29 位与会者中有 17 位已经或者将会把诺贝尔奖收入囊中。这张照片，可以说是史上最牛的集体照。

虽然会议的主题是"电子与光子"，但是，开着开着却变成了一场激烈的量子论战。

哥本哈根学派首先对德布罗意、薛定谔及他们背后的爱因斯坦提出了挑战。

爱因斯坦应战了。

爱因斯坦是思想实验的大行家，技巧之娴熟古今无人与之匹敌。他走到黑板前，画了一条线，中间留有一个小口，表示狭缝，旁边另外画条线表示底片。爱因斯坦认为，如果精确控制电子的能

▲ 第五次索尔维会议合影，被誉为"史上最强大脑"合影

量和速度，就一定知道电子会落在何处。电子在穿越狭缝的时候，我们可以知道它的位置和速度。如果与挡板碰撞，运用动量守恒定律就可以推算出电子的速度。这样也就同时确定了位置和速度，证明了不确定性原理是错误的。这就是剑术大师，看你出剑的姿势、剑诀和意图，就能判断你的剑会刺向何处。

玻尔反手一剑：在测量时仪器会对电子有影响，小孔会对电子有影响。意思是说：爱因斯坦老哥，你看我的时候，我的量子剑招受到影响就变了，你怎么判断我的剑招？

那段时间里，爱因斯坦每天早上都会给出一个试图驳倒量子力学的实验；而玻尔总能在晚饭前给出驳倒爱因斯坦的证明。

双方论战，不分时间和场合，会场上、餐桌旁、房间里，随时过招。

在与爱因斯坦论争的同时，玻尔锲而不舍，逐个击破"吃瓜"的围观者，说服他们接受哥本哈根学派。他成功了，但是，他最想争取的目标爱因斯坦却不为所动。两人一直争论到散会，结果是：没有结果。

爱因斯坦说：上帝是不掷色子的！

玻尔回应说：别指挥上帝该怎么做！

第二回合：
两个"光子箱"的PK

　　三年磨一盒。

　　爱因斯坦经过三年的深思熟虑，在 1930 年的第六次索尔维会议上，提出了著名的光盒思想实验，对海森堡不确定性原理发动了突然袭击：

　　在一个光子箱中装有一定数量的放射性物质，下面放一只钟作为计时控制器，它能在某一时刻将盒子右上方的小洞打开，放出一个粒子（光子或电子），这样粒子跑出来的时间就能从计时钟上准确获知。少了一个粒子，光子箱的能量就会降低。而根据爱因斯坦质能方程 $E = mc^2$，测量出盒子质量的减少就可以折合成能量的减少。因此，放出一个粒子的准确时间和能量都能准确测得。

　　光子箱里的一切，都在准确计算中。这可以说是爱因斯坦凝聚了毕生功夫的一击，其中还包含了他的成名绝技狭义相对论。

　　当时玻尔被惊呆了，他面色苍白：如果爱哥正确的话，那么玻弟的量子力学就完蛋了。

　　当天，玻尔和他的门徒们一夜没合眼。玻尔坚信爱因斯坦是错的，但关键是要找出爱因斯坦的破绽所在。他们检查了爱因斯坦实验的每一个细节，奋战了一个通宵，终于找出了反驳爱因斯坦的办法。

第二天上午，玻尔喜气洋洋地走向黑板，也画了一幅"光子箱"思想实验的草图。

与爱因斯坦不同的是，玻尔把光子箱用弹簧"吊"了起来。在箱子的一侧，画了一根指针，指针可以沿固定在支架上的标尺上下移动。这样，就可以方便地读出光子箱在粒子跑出前后的重量了。

一个光子被释放后，盒子轻了 m，刻度就位移了 q。就是说盒子在引力场中移动了一段距离。根据爱因斯坦的广义相对论，引力势较低的地方时间流逝得要慢一些。我们测量了一个准确的质量后，钟表在引力场中的位置变了，钟表计量的时间也就不准确了，造成了一个很大的时间不确定度。也就是说，在爱因斯坦光盒里，我们准确地测量了质量 m（或者说能量 E），就无法知道时间 t。这正是海森堡的不确定性原理。

简单一句话，你掐指一算的时候，霸气侧漏，时空都变化了，还怎么算得准？

玻尔以其人之道还治其人之身，巧妙地利用爱因斯坦设计的思想实验和他创立的相对论，驳倒了爱因斯坦本人，取得了第二回合的胜利。

Game（游戏）没有 over（结束），论剑继续进行时……

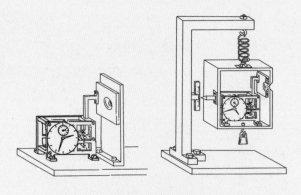

▲ 爱因斯坦霸气侧漏的光子箱和被玻尔吊起来的光子箱

第三回合：EPR 悖论和纠缠不清的量子

爱因斯坦在前两次交锋中无法说服玻尔，但他坚定地认为：虽然量子力学的哥本哈根学派解释与经验事实一致，但作为一种完备的理论，不应该是模棱两可、用概率语言表述的。

五年后的 1935 年，爱因斯坦和两位科学家一起又想出了一个"大招"：EPR 悖论。E 是爱因斯坦，P 是波多尔斯基，R 是罗森。

按照量子力学，可以推导出"量子纠缠"现象。

"量子纠缠"，简单来说就是两个粒子之间具有感应关系，如果你测量出一个粒子的状态，另一个粒子的状态也即刻可以被确定，尽管二者之间没有微信之类的东西相连，没有任何方法可以彼此沟通。即使两个粒子相隔几光年之远，这种感应关系依然存在，这在量子力学上被称为"量子纠缠"，是量子力学中最奇怪、最不可思议的一种现象。

爱因斯坦指出：光速是宇宙极限速度，没有什么可以比它更快。如果将处于纠缠态中的两个粒子分开很远，当我们完成对一个粒子的状态测量时，我们应该要等到光速把信息传到另一个粒子，另一个粒子才能有反应。但是，量子力学却认为，因为纠缠的存在，另一个粒子可以即刻有反应，而不需要等光速传递。这一现象被爱因斯坦称为"鬼魅的超距作用"。

在 EPR 论文发表的第二个月月底，玻尔在《自然》期刊上发表了一封短信，对 EPR 提出异议。

2022 年，诺贝尔物理学奖授予三位研究光子纠缠实验的科学家。玻爱之争尘埃落定，量子纠缠效应确实存在。玻尔的观点是对的，而爱因斯坦再次扮演了"磨刀石"的角度。

论战一生，友情一生

虽然玻尔和爱因斯坦争论了30多年，但也维持着30多年的友谊。

1949年，为纪念爱因斯坦的70岁生日，玻尔写了题为《就原子物理学中的认识论问题和爱因斯坦进行的商榷》的论文。

爱因斯坦则针对哥本哈根学派的意见，写了《对批评的回答》一文作为反批评。这两篇论文，都带有某种总结性质，各自坚持自己的基本观点不变。

1955年4月18日，爱因斯坦逝世以后，玻尔心里还没有忘记和爱因斯坦的论战。据记载，在逝世前一天的傍晚，玻尔在他实验室的黑板上所画的最后一个图，便是爱因斯坦光子箱的草图——这是回顾还是复盘？旁人无法得知。

这里我们要说的**科学研究的武器，就是论战**。

如果量子力学可以发表感言的话，它会说：生活中最强劲的力量是对手给你的，对手有多强大，你就有多强大。量子力学最后能炼成一柄绝世的剑，里面缺不了来自爱因斯坦这个绝世对手的锤炼。

三思小练习

1. 量子论剑中，大部分的实验是思想实验。你能在本书的其他章节找出几个思想实验的例子吗？

2. 构思一个多重宇宙的科幻小故事，写下来。

对手

这一生，要有一个对手。
刀剑相向，
城上城下合演一出空城计，
一对神一样的敌人。

这一生，要有一位知音。
鼓琴而听，
巍巍乎高山，洋洋乎流水，
无人听懂就摔了无价的琴。

这一生，如果对手和知音，
是同一人，
爱与玻互为砺石，
磨出一柄绝世的利刃。

第7讲

星星正在离我们远去

——宇宙大爆炸

失聪者的量天尺

一闪一闪亮晶晶

满天都是小星星

挂在天上放光明

好像许多小眼睛

当我们唱起这首儿歌的时候，我们是否曾经有过这样的疑问：这些星星离我们到底有多远呢？

我们无法根据星星的明亮程度来判断远近，因为恒星本身的亮度是不一样的。

自然界是很奇妙的，它仿佛是一个循循善诱的老师，当我们寻它千百度而不得的时候，它会稍微给我们一点点暗示。

变星

科学家在研究星星的时候，发现有一类星星真的会"眨眼"！只不过"眨"得很慢很慢，好几天才"眨"一下：它的亮度最亮时为 3.7 等（乘机复习一下喜帕恰斯发明的亮度等级），最暗时为 4.4 等，从最亮到最暗再回到最亮，一个周期为 5 天多。

因为这种奇特的"眨眼"星星最初是在仙王座被发现的，所以叫作"仙王 δ 型变星"。又因为仙王座 δ 在中国古代叫造父一，所以中文翻译成"造父变星"。

人工计算员勒维特

言归正传。到了 19 世纪末，哈佛大学的天文学家皮克林，找了一群"人工计算员"（human computer）来处理天文台拍摄的成千上万的恒星照片。这些"人工计算员"都是女性，受过高等教育，但因为生病而后天变聋哑了。在 100 年前的美国社会，女性是不能在天文台直接使用望远镜的。

"人工计算员"中有一位叫勒维特（1868—1921 年）。勒维特从 1893 年起，测算天文台感光板显示的星体亮度变化，她的工资是时薪 0.3 美元。皮克林分给勒维特的任务是研究小麦哲伦星云的变星。

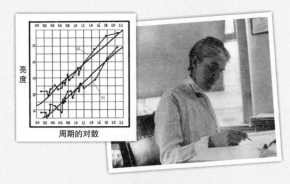

▲ 勒维特和她的变星周光规律

勒维特仔仔细细比较了 1777 颗造父变星，从中发现了一个非常有趣的规律：造父变星越亮，光强变化周期就越长。

这就好比两个唱歌练嗓子的哥们，"啊——啊——咿——咿——"从小声到大声喊嗓，嗓门大的那个气息长、周期长，嗓门小的那个气息短、周期短。

这是怎么回事呢？**勒维特觉得，我们在尚不能解释其中原因的时候，就应该先把规律用图表画出来。**

她细致地比较了 25 颗变星的数据，这一画可不得了，最终拓展了天文学研究的疆域。

造父变星的亮度和周期间的关系很简单：这两个变量的关系很

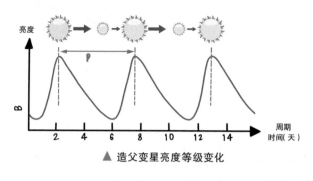

▲ 造父变星亮度等级变化

容易用一条直线描绘，变星周期的对数，与星体平均的亮度呈线性相关。

因为小麦哲伦星云离我们足够遥远，恒星又非常密集，其中每颗恒星到地球的距离都可以看作近似相同的，所以勒维特发现的光变周期与"视星等"（看上去的亮度）的关系可以近似看作光变周期与"绝对星等"（实际的亮度）的关系。

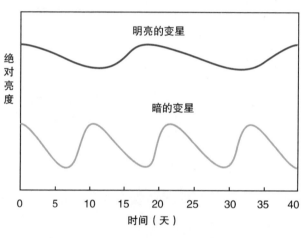

▲ 两颗不同亮度和亮变周期的造父变星

（图片来源：astro.wku.edu）

那么，这个规律有什么用呢？**回顾科学发现的历史，你可以了解到，很多科学家在研究自然的时候，并没有抱着"有什么用"的实用目的来研究问题。他们就是好奇，就是想找出规律。至于有什么用，那是以后的事情。**估算地球周长、给星星定亮度等级、把圆周率算到小数点后几百位、总结行星三大定律、推导电磁方程、双缝实验等，都是如此。**科学研究首先要问的，并不是"有什么用"。**

后来，人们想到勒维特发现的变星周光规律，可以用作测量遥远天体距离的"标准烛光"，是一把"量天尺"。

变星规律

既然变星的亮度和变化周期有明确的关系，那么，如果我们发现一颗变星，它与小麦哲伦星云中有相同的变化周期，但它的亮度却比较低，这说明什么呢？说明这颗变星离我们的距离比小麦哲伦星云更远。亮度和距离平方成反比，这一点在牛顿那里就已经知道了。

同样道理，如果我们看一个周期相同的变星，亮度比小麦哲伦星云中的变星更亮，说明这颗变星离我们的距离比小麦哲伦星云更近。

那么，接下去要做的就是找到离我们最近的那些变星，用其他方法（如视差法）测定距离作为参照就行了——这就是"零点标定"。

在 1913 年，丹麦天文学家埃希纳·赫茨普龙利用视差法，测定了银河系中距离较近的几颗造父变星，从而标定了距离尺度。

走出星系

在 1915 年，美国天文学家哈罗·沙普利算出我们银河系的大小和形状以及太阳在其中的位置。我们的太阳并不在银河系中央，而是在"偏远山区"。太阳不是宇宙的中心，甚至还不是银河系的中心！

1924 年，哈勃计算出仙女座星系中某经典造父变星的距离，比银河系中最远的那颗星还要远很多倍。他推测这个仙女座星云本身就是一个星系，而银河系只是组成宇宙的众多星系中的一个，并不是宇宙的中心！这个仙女星云其实很容易找到，就在飞马座的旁边。

科学，有时候就是无意中的一小步，却让整个学科往前跨了一大步，甚至是飞跃。勒维特无心插柳得到的造父变星规律，让天文学一下子从太阳系和银河系，跳跃到了跨星系。

"体育达人"的膨胀宇宙

如果说勒维特为科学家提供了确定宇宙大小的一支蜡烛，那么，我们即将介绍的另一位科学家哈勃（1889—1953年），就是那个擎起蜡烛，走向宇宙深处的人。

青年时代的哈勃不仅学习优秀，还是"体育王子"，篮球、网球、跳高、铅球等众多项目他都很擅长。不仅如此，他曾在大学期间与法国拳王交手，还做过学校的篮球队教练。因为长得像美国影星克拉克·盖博，他被朋友们称为"美男"。当他可以凭颜值和体育立身的时候，最后却作为一名天文学家举世闻名。这样的人生，充满了意外的惊喜，也充满了精彩。

多普勒效应

在介绍哈勃的发现之前，我们先介绍一个重要的物理现象——多普勒效应。

你有没有留意过火车或警车鸣笛的声音？当车辆朝你飞驰而来的时候，你有没有感觉声调较高，当它离你而去的时候你感到声调降低？具体的数学推导，在下面已经解释了，留给喜欢挑战的读者去琢磨。

要点是：假设声音频率是 f，速度是 v，车驶近的速度是 u。在 $1/f$ 时间内，实际声波行驶的距离是 $(v-u)/f$。

所以频率是 $vf/(v-u)$。

这个多普勒效应对于光波也是一样的。比如一颗恒星，飞离观测者的时候，光谱向低频端偏移，红色光的频率较低，所以叫"红移"。类似地，一颗向观测者接近的恒星，它的光向高频端偏移，称"蓝移"。

星星正在离我们而去

1929 年，哈勃注意到，遥远星系的颜色比邻近星系的要稍红些。不管你往哪个方向看，星系都在离我们而去，宇宙似乎在不断膨胀！而且，离我们越远的星星，飞离的速度越快。

比如，室女座距离我们 78000000 光年，飞离我们的速度是 1200 千米／秒；大熊座距离我们 1000000000 光年，飞离我们的速度是 15000 千米／秒。当然，离我们很近的天狼星，飞离太阳系的相对速度很小，你根本觉察不到它在飞离我们而去。

要知道，以前的宇宙观都是认为宇宙是静态的。包括爱因斯坦的广义相对论也认为宇宙是静态的。

哈勃仔细测量了这种红移，并做了一张图：纵坐标是星星飞离我们的速度，横坐标是离开地球的距离（这个可以通过之前

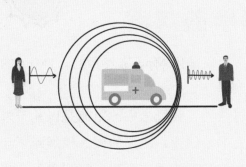

移动声源的频率 f　　声源速度 u

声速 v

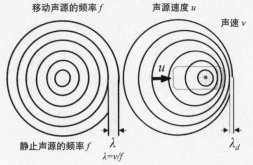

静止声源的频率 f　λ
$\lambda = v/f$　　　　　　λ_d

▲ 多普勒效应

声源接近：在 $1/f$ 时间间隔内，声源移动了 u/f，所以，

$\lambda_d = (v-u)/f$

$f_d = v/\lambda d = vf/(v-u)$

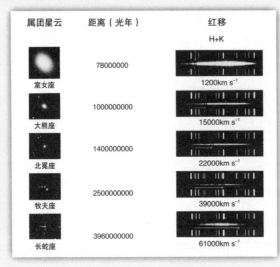

属团星云	距离（光年）	红移 H+K
室女座	78000000	1200km s⁻¹
大熊座	1000000000	15000km s⁻¹
北冕座	1400000000	22000km s⁻¹
牧夫座	2500000000	39000km s⁻¹
长蛇座	3960000000	61000km s⁻¹

▲ 星系、距离、飞离速度

说的造父变星来测量）。他发现它们呈非常简单的线性关系，这个规律被称为哈勃定律：

$$v_e = H_0 d$$

v_e（千米／秒）是远离速度；H_0（千米／秒／Mpc）是哈勃常数，在 50～100，目前的测量大约为 71；d（Mpc）是星系距离，1Mpc = 3.26 百万光年。

哈勃的这个重大发现奠定了现代宇宙学的基础。

百万光年的尺度

这里面一个新的概念是星系距离是用 Mpc 来表示的，1Mpc 约为 3.26 百万光年。这个需要解释一下。

我在小时候，只是在小乡村活动，我概念中的距离是以几千米来衡量的。后来需要穿越城市去学校住读，距离的概念扩展到了几十千米。再后来出国，离开家乡就是千万里的距离。等到读天文资料的时候，目光离开地球，到了太阳系，开始用天文距离（地球到太阳的平均距离为 1 个天文单位，约为 149597870 千米）。

当我们把目光投向银河系，这个距离远远不够了，需要光年（1 光年 = 9.4605×10^{12} 千米）作单位。

当我们飞出银河系，遨游在星系之间时，光年的距离已经太局促了，Mpc 应运而生，1Mpc 大概是 3.26 百万光年。

我们在讲喜帕恰斯的故事的时候，提到了星星的视差，已经很接近这个概念了。地球绕太阳四分之一圈，看一颗星星在天幕上的投影，如果发现这颗星星移动了 1 秒（$\frac{1°}{3600}$），那么，这颗星星离开地球的距离就是 1 个 pcc（parse），按照数学计算大概是 3.26 光年。1Mpc 就是 100 万个 pc，3.26 百万光年。

哈勃定律意味着，在早先的时候星体相互之间更加靠近，甚至似乎某一时刻，它们刚好在同一地方，所以哈勃的发现暗示存在一个叫作大爆炸的时刻，当时宇宙处于一个密度无限大的奇点。比如之前提到的室女座，距离我们 78000000 光年，飞离我们的速度是 1200 千米 / 秒；那么，假设室女座的飞离速度一直没有变化（根据最新的物理研究，这个假设是需要修正的，有兴趣的同学可以进一步探究），我们就可以根据距离和速度的这两个值算出它在很久以前的哪一个时刻处于奇点。

我们倒推回去，假设星系飞行的速度 V_e 是固定的，距离我们 d，那么，这个起始的时刻 t_H：

$$t_H = \frac{d}{v_e} = \frac{d}{H_0 d} = \frac{1}{H_0}$$

这个时刻就是哈勃常数的倒数！大概是 138 亿年。

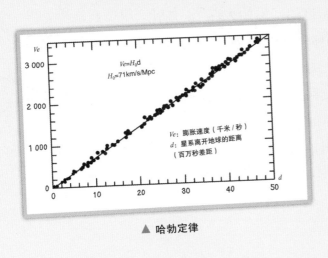

▲ 哈勃定律

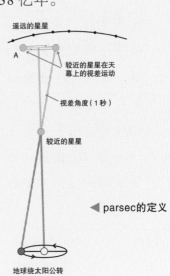

◀ parsec的定义

$$H_0 = 71\,\frac{\text{km/s}}{\text{Mpc}} = 2.3 \times 10^{-18}\text{s}^{-1}$$

$$t_H = \frac{1}{2.3 \times 10^{-18}\text{s}^{-1}} = 13.8 \times 10^{9}\,\text{年}$$

我们都来自同一原点

1980 年，这个定律被改名成哈勃 - 勒梅特定律。原因是这样的：1927 年，比利时天主教神父兼天文学家勒梅特计算出爱因斯坦广义相对论方程的一个解，表明宇宙不是静止的，而是在膨胀。

他用此前发表的一小组数据支持了这一说法。不过，他的研究成果用法语发表在一份不知名的比利时期刊上，因此基本上被忽视了。很巧合的是，哈勃和勒梅特都在第一次世界大战的时候当过兵、上过战场。虽然不知道他们是否有过并肩作战的时刻，但是，他们因为一个定律而在星系间肩并肩了。

当年哈勃看到红移现象的时候，万万没有想到他可以由此给宇宙"算命"！哈勃是公认的星系天文学创始人和观测宇宙学的开拓者，并被天文学界尊称为"星系天文学之父"。为纪念哈勃的贡献，小行星2069、月球上一座环形山以及哈勃空间望远镜均以他的名字来命名。

1948 年，伽莫夫提出了宇宙大爆炸学说。按照这一学说，宇宙起源于一个高温、高密度的"原始火球"，有过一段由密到稀、由热到冷的演化史。这个演化过程伴随着宇宙的膨胀，开始时十分迅猛，如同一次规模巨大的爆炸，被称为"大爆炸宇宙模型"。

宇宙源于某个时刻某一点、不断扩展膨胀的想法，和玻尔兹曼的熵理论似乎有相互印证之处。

不过，伽莫夫提出的大爆炸理论，由于当时缺乏直接的天文观测证据的支持，渐渐被人们遗忘了，直到一次偶然的机会才重新引起瞩目。

鸟屎与诺贝尔奖

1964年5月，美国贝尔实验室的两位科学家彭齐亚斯和威尔逊在利用一套新型天线接收测量天空中的信号时，偶然发现了一种过剩的噪声辐射，其辐射温度约3.5K（K是温度单位，以科学家开尔文勋爵的名字命名）。

他们一开始以为是天线有问题，甚至怀疑是天线旁边的鸽子窝和天线上的鸽子粪造成的。等到轰走鸽子，清理鸟粪，改进天线，能想到的招数都试过了，他们发现噪声依然存在。

在此后将近一年的测量中，"除鸟专家二人组"一边和鸽子做斗争（敲锣打鼓弹弓猎枪都上了），一边改进仪器，可是都不能消除这个噪声。

而且，这个噪声在每个方向都一样，春夏秋冬、刮风下雨、阳光灿烂，都一直在那里。**它们如此一致，令人感觉它们就是来自同一个起源的。这是否暗示了在各个不同方向、相距非常遥远的星系之间，存在过某种联系？**

宇宙微波背景辐射

正当两位科学家困惑不解时，他们无意中从普林斯顿大学物理学教授皮尔布斯那里听说，"大爆炸宇宙的起源会留下射电噪声残余物"，经过深入探讨后，终于得出结论：他们一直搞不懂的那个恼人的噪声，正是这种宇宙微波背景辐射。

目前为科学界所普遍接受的宇宙起源理论认为，宇宙诞生于距今约 138 亿年前的一次"大爆炸"。宇宙微波背景辐射被认为是"大爆炸"的"余烬"，均匀地分布于整个宇宙空间。"大爆炸"之后的宇宙温度极高，之后 30 多万年，随着宇宙膨胀，宇宙的温度逐渐降低，宇宙微波背景辐射正是在此期间产生的。

宇宙微波背景是我们宇宙中最古老的光，当宇宙刚刚 30 万岁时，被刻在天空上。

如果把宇宙大爆炸看作一个鸡蛋炸裂，那么，微波背景就是炸裂后飞向四方的蛋壳。它是我们确认曾经有过一个"宇宙蛋"的证据，也是各个碎片相认的记号。

宇宙微波背景辐射为宇宙大爆炸理论提供了有力的证据。1978年，彭齐亚斯和威尔逊因此获得诺贝尔物理学奖。

▲ 宇宙微波背景：大爆炸留下的痕迹和证据

意外之魅力

　　1996 年获得诺贝尔文学奖的波兰女诗人辛波斯卡有一首题为《一见钟情》的诗，开始的四句是这样的：

　　　　他们彼此深信

　　　　是瞬间迸发的热情让他们相遇

　　　　这样的确定是美丽的

　　　　但变幻无常更为美丽

　　科学研究中的不确定性和意外收获也同样让人目眩神迷。

　　这里的四位科学家，勒维特研究造父变星无意中得到"量天尺"，哈勃研究红移现象意外估算到宇宙年龄，彭齐亚斯和威尔逊从恼人的噪声中，喜获大爆炸的证据和诺贝尔奖，这些都是不确定性的魅力。

　　一部电视剧，刚看了开头，就猜到了结尾；一个人的人生，所有的路都被设定，没有任何惊喜——你喜欢这样的剧情和人生吗？

　　当然，我们这里说的意外和惊喜，并不是那种守株待兔式的惊喜，而是艰苦探索之后收获的惊喜，是"众里寻他千百度，蓦然回首，那人却在灯火阑珊处"。

1. 在星空里，找一下造父变星在哪里，仙女座星系在哪里。

2. 在生活中观察多普勒效应。

3. 在一个气球上画几个点，吹大气球，你会发现这些点之间的距离越来越大，每一个点都在远离其他的点。这就是宇宙膨胀的形象化描述。

勒维特的烛光

从1777颗心中，找心跳的奥秘。
从1777颗星中，找星变的旋律。

该怎么定义聪明？
失聪的你，
把宇宙深处摇曳的烛光，
看得分明。

科学打怪升级
——物理学五大"神兽"

科学打怪升级之 "芝诺的乌龟"

对于沉迷科学的人来说，科学研究仿若"打怪升级"，充满了乐趣。

而我，则是游戏里的神兽。

我第一次现身，是在古希腊，在一位叫芝诺的哲学家的后院里。

有一次芝诺在家里烧烤，请来了一位大英雄，叫阿喀琉斯，年轻英俊，勇敢威猛，力大无穷，所向无敌，胃口也是所向无敌……

芝诺说：阿喀琉斯，**我家有一只神龟能缩地成寸，只要你让它先跑 100 米，你就永远追不上它。**

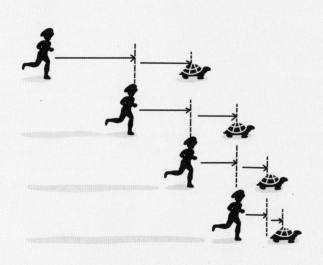

阿喀琉斯很生气，说：我跑得比兔子还快，怎么追不上乌龟？不是烤肉里有蒙汗药吧？

芝诺说：你百毒不侵怕什么？不要小看我们家神龟！

各就各位，

▲ 阿喀琉斯和芝诺神龟

预备，跑！

比赛开始，当阿喀琉斯追到 100 米时，我迈开小脚丫已经向前爬了 1 米。

阿喀琉斯继续追，而当他追完我刚爬的 1 米时，我又已经摇起小尾巴向前爬了 0.01 米。

阿喀琉斯只能再追向前面的 0.01 米，可我又已经向前爬了 0.0001 米。

就这样，我总能与阿喀琉斯保持一个距离。

芝诺说：不管这个距离有多小，只要我的小乌龟永不放弃、不停地奋力向前爬，阿喀琉斯你就永远也追不上我的神龟！

我说：好，永不放弃！

阿喀琉斯蒙了：这一算，好像是真的追不上啊。但是，我明明比小乌龟快啊。

希腊的哲学家蒙了，数学家蒙了，神界和人界都蒙了。伊利亚特大战里最厉害的英雄，追不上我"缩地成寸"龟。

这事在逻辑上和当时的数学上确实无懈可击。

而在东方，也有同样棘手的一个问题。

庄子家里有一根"神棰（棰是短木棍，就是当年埃拉托色尼用的那种）"让中国人头疼不已：

"一尺之棰，日取其半，万世不竭。"

一尺之棰，今天取其一半，明天取其一半的一半，后天再取其一半的一半的一半，如此"日取其半"，总有一半留下，所以"万世不竭"。一尺之棰虽是一个有限的物体，但它却可以无限地分割下去。

就这样，我和东方的"小棰棰"遥相呼应，蒙住人类近 2000 年，直到莱布尼茨与牛爵爷发明微积分，用微积分中的"极限"法门为阿喀琉斯"平反昭雪"。

科学打怪升级之"拉普拉斯兽"

既然牛爵爷用微积分搞定了我的第一个变身，我就变形成第二只神兽，潜入进牛爵爷的"门派"。

牛爵爷的万有引力定律和运动三大定律，把天上地下都统一了，似乎所有能看到的东西都可以用牛顿力学描述了。

1814年，被称为"法国牛顿"的数学家、物理学家、天文学家拉普拉斯声称：**如果把整个宇宙的每一个粒子的运动状态确定下来，就可以推算出宇宙下一刻的运动状态。如果这世间存在一种神兽，它前知500年，后知500年，只要它瞄一眼，记录下某一刻万物的状态，我们就能用牛顿的公式，瞬间算出宇宙的过去与未来。**这就是我的第二个变身——讲法语的"拉普拉斯兽"，能推演万事，能预知万物。

这也就意味着人类的所有命运，都已经被我拉普拉斯兽算得清清楚楚、明明白白、真真切切。比如，我知道你今天玩了几个小时游戏，吃了几个冰激凌！服不服气？

在牛顿的经典力学如日中天的时候，这样的宣言合情合理。拉普拉斯是19世纪法国科学界的领军人物，出版了巨著《天体力学》，论述行星运

▲ 被封为侯爵的拉普拉斯

动、行星形状、潮汐、摄动理论、木星四颗卫星的运动及三体问题（没错，就是刘慈欣写的那个《三体》）的特殊解。他说的话，在科学界还是相当有分量的。

我就这样横行百年，把所有偷吃了冰激凌、偷玩了游戏、藏着小秘密的人搞得胆战心惊。直到麦克斯韦和玻尔兹曼的统计力学出现，人们才知道在分子级别的运动需要统计的概念，没办法确切知道每一个分子的速度和动量。又到了后来，量子力学异军突起，发现在微观世界，粒子是处于叠加态的，它既可以在这里，也可以在那里，甚至是测不准的。

这下放心了吧？我其实并不知道你吃了几个冰激凌，嘿嘿。

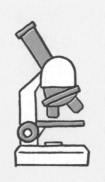

科学打怪升级之 "奥伯斯黑暗魔神"

没有过多久，1823年我顺便去了趟德国，到天文学家奥伯斯的家里，让他见识到了"黑暗魔神"的厉害。

那时候的人，都觉得宇宙是稳恒态的、无限的，而且有无数发光星体。

奥伯斯说，太奇怪了！虽然遥远的星星到达地球的光照少（与距离的平方成反比），但是，距离越远的地方星星越多（数目和距离的平方成正比）。这样一算，黑夜的天空应当是无限亮的。无论望向天上哪一位置，都应该见得到星体的表面，星与星之间便不应有黑暗的位置，黑夜时整个天都会是光亮的。

正如在一个大森林里，看四周都是树。

难道是"奥伯斯黑暗魔神"在作怪，吞噬了明亮的星空？

是的，是我，"奥伯斯黑暗魔神"吞噬了星空，谁让你们觉得宇宙是静态的呢？

静态宇宙的观念如此之强，即使是爱因斯坦在1915年发表广义相对论时，还非常肯定宇宙是静态的，并不得不在他的方程中引进一个所谓的宇宙常数来进行修正。到了哈勃发现膨胀宇宙时，爱因斯坦恍然大悟，承认这是"一生中最不可原谅的错误"。

根据宇宙大爆炸理论，宇宙的膨胀限制了可观测宇宙的大小，在这个可观测宇宙之外的光线到不了地球。所以，我们看到的星空并不是明亮如白昼，有很多地方是黑黢黢的。

当人们遥望远处的空间，其实就是在回顾历史。大爆炸本身的辐射，由于宇宙膨胀，已经红移到微波的波长，成为"除鸟专家二人组"发现的微波背景辐射。

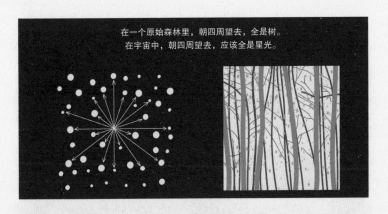

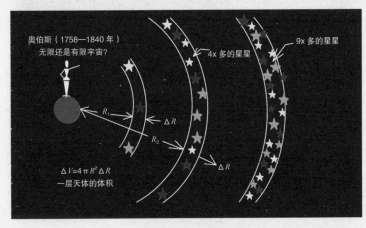

▲ 奥伯斯黑暗魔神

宇宙大爆炸的证据，使得爱因斯坦承认他的宇宙常数是一个错误。
最近科学家发现，爱因斯坦的宇宙常数，可以用来精确地解释暗能量。
科学的发展常常给人柳暗花明的惊喜。

物理学五大『神兽』

科学打怪升级之"麦克斯韦妖"

我们神兽是有严重的报复偏执症的。我的第二变身被麦克斯韦赶走，我就到麦克斯韦家里去。

1871 年，我，"麦克斯韦妖"出世了。

麦克斯韦设想了一个容器，它被分割成左右两部分，里面有相同温度的同种气体。我——"麦克斯韦妖"看守中间连通的"气门芯"，观察分子运动速度。

我眼神好，胜过喜帕恰斯的第谷次方；动作敏捷，胜过阿喀琉斯。能准确地探测单个分子的运动，并把速度快的分子挑出来从左边扔进右边，把速度慢的分子从右边丢进左边。

经过充分长的时间，左右两边分子运动的平均速度相差越来越大，温度相差也越来越大。最后，不就变得冷热井然有序了？熵减少了！

从此，时空可以倒转，人可以返老还童，落叶可以回到树上，芝诺神龟和"拉普拉斯兽"可以重生！

就这样，我困扰了科学家多年，让很多人觉得我有长生术。一直到 20 世纪 50 年代，信息熵的概念被提出，大家才知道想要实现热力学上的熵减，一定要获取分子运动的信息，看哪一个快哪一个慢。而测量分子运动速度的过程，是有代价的，必然会消耗能量，也就意味着熵还是要增加的。

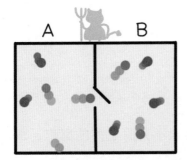 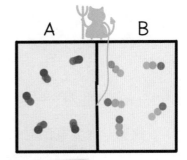

（图片来源：maxthedemon）

▲ "麦克斯韦妖"大战末日之熵

科学打怪升级之"薛定谔猫"

　　当我又一次变身的时候，我到物理学家薛定谔的家里，成了他家的一只猫。

　　在解释德布罗意波和双缝实验的时候，他推导出了薛定谔方程。这个方程暗示着微观粒子存在叠加态，它既可以在这里，也可以在那里，它的确切位置要等你观察的时刻确定下来。

　　薛定谔和他的物理学家朋友一起开派对，把我关在一只黑笼子里。黑笼子里还有致死机关，这个机关由铀块、锤子和装有毒气的玻璃瓶组成，一旦铀衰变产生的射线触发锤子感应器，锤子将击碎玻璃瓶，导致瓶子中的毒气释放，最终毒死我。

　　这时候问题来了。在薛定谔打开箱子之前，他们不知道我是死的还是活的。这就是薛定谔方程定义的"生死叠加"状态：**只有当他们打开盒子的那一刻，谜底才会揭晓。在那之前，他们无法判定我的生命状态，**

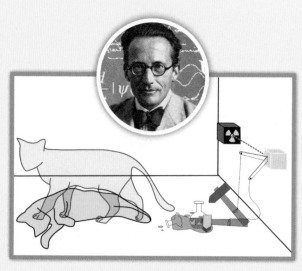

▲ 薛定谔和他的量子猫

而我处于既是活的也是死的那种叠加态。——什么情况啊，我是生是死我自己知道的好不好？你们不知道是你们笨！还叠加，半死半生、又死又生、生不如死、死不如生，我累不累啊。

薛定谔还说，我并不是这个世界上真实存在的猫，而是量子力学理论的产物。

物理学家们认识了生死叠加状态，觉得不过瘾，还衍生出了一种非常大胆的平行宇宙理论：从我被观测的那一刻，世界分裂成了两个版本，在 A 版本中我活着，而在 B 版本中，我死去。

——多重世界都被搞出来了！我只有 9 条命啊，版本这么多，我不是戏精，这戏怎么演啊？

神兽之真面目

其实，我的出现，是科学家将高深的问题形象化的结果。

这样的努力，不仅让科学问题得到了简洁明了的表述，而且以浅显易懂的方式向普通大众介绍自然科学知识。

极限、经典力学、热力学、量子力学和宇宙大爆炸的知识，通过我五大"神兽"，走进了普罗大众之中。

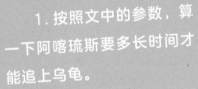

1. 按照文中的参数，算一下阿喀琉斯要多长时间才能追上乌龟。

2. 在显微镜下观察花粉在水中的布朗运动。这种随机的运动，是无法用牛顿力学公式描述的。

3. 五大"怪兽"分别隐含了什么科学知识？

科学神兽乐园

周末午夜别徘徊，
快到神兽乐园来，
欢迎好奇的小孩。

不要在一旁发呆，
一起大声呼喊，
向作业公式说BYE BYE。

乌龟　赛跑　走不到极限，
拉兽　通天　有什么机关，
这是猫步的舞台，
麦妖逆生好厉害，
黑夜里魔神出现。

告诉我What's your name，
接受这邀请函，
I love you 来这神兽的乐园，
Don't you know 这里多么精彩，

I need you 科学真的好玩。

跟着龟尽情显摆，
跟着兽算出精彩，
跟着妖穿越未来，
驱散魔神的阴暗。

啦啦啦啦，跟喵摇摆，
啦啦啦啦，跟喵摇摆，
喵——喵——

注：本诗为《青苹果乐园》的旋律，致敬20世纪90年代的"小虎队"，血液里流淌的青春、音乐和舞蹈。

第9讲

我们只是元素集合

——来自星星的我们

古代"元素说"中的爱和恨

古人看到世界的时候，产生了一种疑问：世界的构成是什么？

西方第一位哲学家——古希腊的泰勒斯（约前 624—约前 547 年），是第一个尝试完全用自然因素解释自然现象的人，他猜测宇宙万物都是由同一种基本元素构成的，那就是水——万物皆是水。泰勒斯追究世界的真相，勇气可嘉。只是这个学说面对沙漠里饥渴的行者，无论如何也说不通。

"水军头领"泰勒斯的学生阿那克西曼德却反叛了，认为基本元素不可能是水，而是某种不明确的无限物质——万物皆不明。

阿那克西曼德的学生阿那克西米尼再次反叛，认为基本元素是气，气浓缩成了风，风浓缩成了云，云浓缩成了水，水浓缩成了石头，然后由这一切构成了万物——万物皆是气。

再后来，宣称"人不能两次踏进同一条河"的赫拉克利特冒火了：万物由火而生，所以永远处于变化之中。

然后，出现了一位统一派的神医哲学家恩培多克勒，综合了前人的这些看法，再添加"土"。他认为万物由四种物质性元素水、火、气、土组成。这四种元素是永恒存在的。再加上你我的两种精神性元素——"爱"与"恨"。四元素按不同的比例结合起来，便产生各种事物、现象。

而现在广为人知的四元素说，则是后来亚里士多德提出的。他悟透了，觉得爱和恨全可抛掉，只留下水、火、气、土。

纸牌里的秘密

无论是西方的四元素，还是东方的五元素（金、木、水、火、土），都是哲学家对世界的思考。

真正研究元素到底是什么，需要从炼金术里闯出来的科学家。

拉瓦锡的元素表

1	Lumière	Light	光
2	Calorique	Caloric	热
3	Oxygène	Oxygen	氧
4	Azote	Azot	氮
5	Hydrogène	Hydrogen	氢
6	Soufre	Sulphur	硫
7	Phosphore	Phosphorus	磷
8	Carbone	Carbon	碳
9	Radical muriatique	Muriatic radical	盐酸基
10	Radical fluorique	Fluoric radical	氟酸基
11	Radical boracique	Boracic radical	硼酸基
12	Antimoine	Antimony	锑
13	Argent	Silver	银
14	Arsenic	Arsenic	砷
15	Bismuth	Bismuth	铋
16	Cobolt	Cobalt	钴
17	Cuivre	Copper	铜
18	Étain	Tin	锡
19	Fer	Iron	铁
20	Manganèse	Manganese	锰
21	Mercure	Mercury	汞
22	Molybdène	Molybden	钼
23	Nickel	Nickel	镍
24	Or	Gold	金
25	Platine	Platina	铂
26	Plomb	Lead	铅
27	Tungstène	Tunstein (Tungsten)	钨
28	Zinc	Zink	锌
29	Chaux	Lime	石灰（氧化钙）
30	Magnèsie	Magnesia	苦土（氧化镁）
31	Baryte	Barytes	重晶石（硫酸钡）
32	Alumine	Alumine	矾土（氧化铝）
33	Silice	Silice	石英（二氧化硅）

法国大革命时期的化学家拉瓦锡认为，元素应当被定义为不能够被分解的物质。他在 1789 年发表的《化学基础论说》一书中列出了他制作的化学元素表，一共列举了 33 种化

▲ "现代化学之父"拉瓦锡和他的元素表

学元素，分为四类：

属于气态的简单物质：光、热、氧气、氮气、氢气。

能氧化和成酸的简单非金属物质：硫、磷、碳、盐酸基、氟酸基、硼酸基。

能氧化和成盐的简单金属物质：锑、砷、银、钴、铜、锡、铁、锰、汞、钼、金、铂、铅、钨、锌、铋、镍。

能成盐的简单土质：石灰、苦土、重晶石、矾土、石英。

从这个化学元素表中可以看出，拉瓦锡不仅把一些合成的化合物列为元素，而且把光和热也当作元素了。不过，这已经比哲学家们大大地进步了。

爱打纸牌的教授

又过了几十年，一个俄国的大胡子科学家出现了。他对几百种物质逐个进行分析测定，发现了一些规律：有的元素特性很相似，但又有不同；元素的性质会随原子量的增加而呈周期律的变化。但是，这些规律模模糊糊。

喜欢打牌的大胡子科学家有一天晚上做了一个梦，忽然顿悟。醒来后，他把当时已经知道的 66 种元素的名字都写在纸牌的背面，按照玩纸牌的顺序排好。

横向符合原子质量顺序，纵向符合化合价顺序——这完全是一个人玩"纸牌接龙"游戏啊。

这就是 1869 年门捷列夫发明元素周期表的故事。

门捷列夫发表元素周期表后，西方主流学术界不以为然：打牌和做梦搞出来的东西，谁信啊？

过了 6 年，法国一位酿酒商的儿子发现了新元素镓，原子量为 69，镓的化学性质、化合价、原子量正好和门捷列夫的元素周期表中预言的"类铝"一致。人们终于认识到了门捷列夫理论的准确性。

后来的科学发展证明，门捷列夫的元素周期表对当时以及后来的化学发展起到了决定性的作用。为了纪念门捷列夫，科学家将 1955 年发现的第 101 号元素命名为钔。

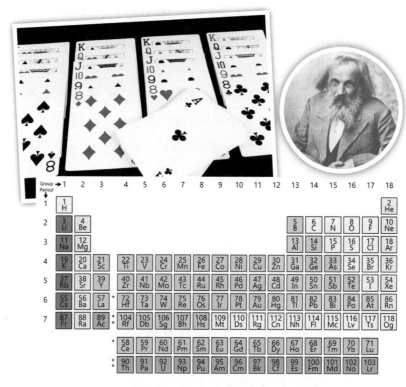

▲ "纸牌接龙"游戏和门捷列夫的元素周期表

元素周期表里的朱元璋子孙

　　有一位明史爱好者将明朝朱家的族谱和元素周期表放在一起，发现朱元璋子孙的名字居然占据了大半个元素周期表。例如，朱慎镭，朱同铬，朱同铌，朱在钠，朱成钴，朱成钯，朱恩钸，朱帅锌，朱徽钋，朱效钛，朱效锂，朱诠铍，朱孟烷，朱弥镉，朱均铁，等等。他们名字的最后一个字，都是化学元素的名称。

　　不过，这并不代表化学元素的名称就是朱元璋家发明的。只是因为元素周期表进入中国时，科学家徐寿（1818—1884 年）根据会意象形的造字、翻译方法，参考了一下老朱家的家谱，选用了这些生僻的字眼。那么，为什么老朱家会有这么多怪异的名字呢？

　　朱元璋的子孙除名字中的第二个字按字辈排之外，还按木生火、火生土、土生金、金生水、水生木的五行相生规律，作为名字中第三个字的偏旁。老朱家因为不想让皇子皇孙们惦记皇位，所以，把他们赶到全国各地，明朝皇族子孙开枝散叶的速度，那是相当快的，从洪武年间的五十几人到万历年间已超过 10 万人。所以，老朱家不得不造出了一大堆金木水火土偏旁的字，专门用来命名。

　　老徐除翻译元素周期表之外，还是第一个在《自然》期刊发表论文的中国人，是格致中学的创办人。

好大的炉子

那么，宇宙间的元素到底从哪里来的？追本溯源，要说到宇宙大爆炸了。

138 亿年前，大爆炸开始之初，宇宙是高度简洁和统一的，没有作为万物基础的原子和分子，没有我们熟悉的银河、太阳和行星，当然更不会有地球和人类，有的只是极高的能量和将所有基本力统一起来的——"超力"。

随着宇宙的膨胀和冷却，一些能量得以转换为亚原子粒子，"超力"逐渐被分解为几种基本的力：强相互作用力、弱相互作用力、电磁力和引力。

最简单的结构是最容易形成的。结构最简单的原子就是氢，它仅由一个质子和一个电子构成。然后就是氦。在宇宙诞生的 3 分钟之后，氢就占到宇宙总质量的 75%，氦占 25%。

所以，人体里的氢原子都是大爆炸时候形成的。我们身体里 10% 的原子是氢原子，也就是说，我们身体的 10% 来自宇宙大爆炸，它们是非常古老的存在。再嫩的"小鲜肉"，身体里的 10% 也有 138 亿年的岁数。

那么，我们身体里主要的 90% 来自哪里呢？

$$^2_1H + {}^2_1H \Rightarrow {}^4_2He \quad + 能量$$

$$p\,n + p\,n \Rightarrow {}^{n}_{p}\,{}^{p}_{n} \quad + 能量$$

▲ 氢核聚变

它们来自那些叫作恒星的核聚变"大熔炉"。

在新诞生的宇宙中，大量的氢聚合在一起，因为自身重力的作用，这个"团伙"内部"压力山大""温度绝高"，氢原子们得以彼此结合，发生核聚变，形成更重一点的氦原子，并随之释放出大量的能量。

这些能量以光线的形式向宇宙深空发射出去，黑暗的宇宙于是有了星光。

这就是第一批恒星的诞生，它们照亮了孤寂的宇宙。

这大概发生在大爆炸 40 万年之后。

恒星的规模大小，决定了里面核聚变的状况。

像太阳这样中等质量的恒星，核心区的氢燃烧殆尽生成氦之后，还会进行"氦聚变"。氦燃烧，把三个氦原子核聚合成一个碳原子核。

碳原子核，又可进行"碳聚变"：吸收一个氦原子核，生成氧原子核。

这样，就有了我们生命中最重要的碳原子和氧原子。恒星燃烧尽，爆炸成星云，最后形成白矮星。

如果恒星的质量大于太阳 8 倍以上，它就可以继续发生核聚变，生成氖、镁、硅、硫，直到核聚变产生铁！这些恒星里的元素，一直燃烧，直到天荒地老，只剩下一颗"铁了的心"。

我们常说"金色太阳""金色阳光"，但是为什么恒星的核心是黑黢黢的"铁心"，而不是"金心"？为什么恒星的

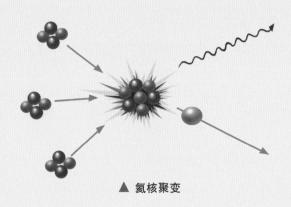

▲ 氦核聚变

燃烧和核聚变到铁就中止了呢?

这是因为核聚变虽然释放出能量,但是,它的发生过程本身也是需要能量的。越是重的元素,核聚变需要

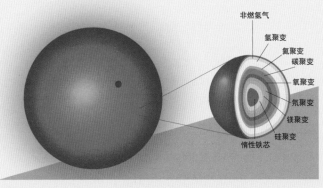

非燃氢气
氢聚变
氦聚变
碳聚变
氧聚变
氖聚变
镁聚变
硅聚变
惰性铁芯

▲ 恒星的洋葱模型

的能量越多。比铁轻的元素,核聚变释放的能量大于需要吸收的能量,所以,恒星内部的核聚变是可持续的。到了铁元素,核聚变需要的能量大于释放的能量,就无法维持下去了。

来自星星的我们

恒星像洋葱:"如果你愿意一层一层一层地剥开它的心,你会发现,你会讶异,铁是它最压抑、最深处的秘密。"

元素周期表中的很多重元素就这样生成了。这样大的恒星经历了长时间的燃烧,最后在引力下瞬间崩塌,变成一颗超新星,同时也把我们生命中不可或缺的元素抛入茫茫太空之中,和其他恒星的残骸混合在一起。

恒星在分子云里新兴又灭亡,里面的原子核聚变,产生了我们肌肉里的碳元素、DNA 里的氮元素、呼吸所需的氧、牙齿和骨骼里的钙、血液里的铁。所有的重元素,都经过核聚变"大熔炉"的冶炼。

我们只是元素集合

　　看看这张元素周期表，除氢和氦以外，一切组成我们身体所需要的元素，都来自这些消亡的星星们的尘埃：死亡的小恒星，爆炸的白矮星，爆炸的大恒星，碰撞的中子星。

　　我们在宇宙之内，宇宙也在我们身体之内。我们可观察的宇宙中，有约 1000000000000000000000000 颗恒星 (1 后面有 24 个 0)，这个数目，少于我们身体的原子数。

　　当你仰望星空的时候，或许你正在望向你的"故乡"。

　　我们身体的元素封存着宇宙的历史和恒星的生死，虽然我们无法回溯探明它们究竟来自哪一颗星星、经历过多少次涅槃。

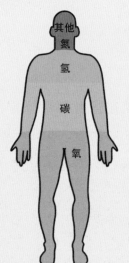

元素	符号	所占比例(%)
氧	O	65.0
碳	C	18.5
氢	H	9.5
氮	N	3.2
钙	Ca	1.5
磷	P	1.0
钾	K	0.4
硫	S	0.3
钠	Na	0.2
氯	Cl	0.2
镁	Mg	0.1

▲ 人体的主要元素组成比

哪来的金子

在武侠小说中，黄金是侠客经常携带的财物，天外陨铁打造的刀剑也是必备的武器装备。有宝剑、有黄金的侠客是最拉风的，可是，你知不知道，不光天外陨铁来自天外，黄金也来自天外？

在地球上，黄金是极为稀有的金属，人们也都渴望拥有黄金。但是，黄金的初始由来却不简单，它们可能源自超新星的爆发。

一般的恒星只能产生铁以及更轻的元素。比铁重的元素，需要更大的压强和温度才能聚变合成。

▼ 恒星的一生

来自星星的我们

小恒星

红巨星

恒星状星云

白矮星

原恒星星云

中子星

大恒星

超红巨星

超新星

黑洞

超新星爆发，有的是大质量恒星在演化末期产生剧烈爆炸，有的是某些双星系统在演化过程中猛烈相撞。这种爆炸极其明亮，所发出的辐射能够照亮其所在的整个星系，是除宇宙形成时的大爆炸之外最剧烈的爆炸。

　　科学家在最近的中子星引力波观察中，曾观测到中子星碰撞后，在宇宙中如烟花般喷射出物质，其中含有大量的金、铂等重金属元素。这般被释放出来的物质，在宇宙中飘荡，不知道什么时候沉积到地球表面，经过几十亿年的积累，就成了现在地球金矿的来源。

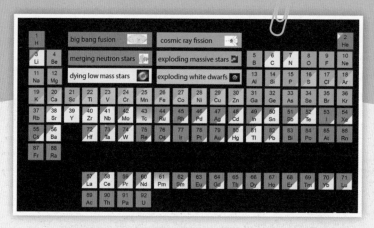

▲ 元素周期表上各种元素的来源：大爆炸聚变，宇宙射线裂变，中子星合并，巨星爆炸，死亡的小恒星，爆炸的白矮星
（图片来源：Jennifer Johnson/ESA/NASA/AASNova）

我们都是 "都教授"

前几年热播的韩剧《来自星星的你》中，来自某外星球的 "都教授" 赚取了多少观众的眼泪，俘获多少粉丝的心！其实从某种角度来说，你，我，都来自星星。

科学家（Lawrence Krauss）说：你身体里的每一个原子，都来自一颗爆炸了的恒星。形成你左手的原子与右手的原子，也许来自不同的恒星。这实在是我所知道的物理学中最富诗意的事情：你的一切都是星尘。正是因为有的恒星爆炸毁灭了，今天你才能够在这里。

其实，物理学里最富有诗意的事情是：此时相遇的我们，或许来自亿万年前的同一颗恒星，我们的遇见就是久别重逢。几十年之于亿万年，只是短短一刹那，你要善待我，我也更应该好好对你，因为当这颗星球消亡的时候，下一次，我们或许会分属于两颗遥望的星星了。

如果要写人类的简史，它应该是这样的：

大爆炸发生后，恒星几经燃烧、崩塌，变成星云、白矮星、超新星或中子星，日积月累，宇宙间复杂的元素越来越多。

在大约 46 亿年前，在银河系的某一个 "城乡接合部"，一片由无数死亡恒星的残骸组成的星云开始收缩，一颗新的恒星和一小群围绕它运行的行星诞生了。其中距离它第三近的行星，具有得天独厚的优势，拥有了好山好水好风光。

在这颗行星诞生 8 亿年之后，或许出于外来的原因，或许因为内在的变化，或许因为"神迹"，总之，有一小堆物质竟然"活"了过来，有了蓬勃的生命，变得越来越高明，越来越复杂，越来越千姿百态。

在这颗行星诞生 46 亿年之后，更大的奇迹发生了。一些原本来自星星的元素，最终变成了一大群有意识、能思考、会行动的生物，他们通过传承的知识、细心的观察和大胆的推理，揭开了这隐藏在时间长河里的故事。其中很不起眼的一个，写下了如上的科普文字，有几个还正在认真阅读。

会心一笑的人，我们来自同一颗星星；云里雾里的人，请接受我的远握，祝贺我们初次的见面。

我们同处于这个时空的片段，本身也是一个奇迹。

我们身体的每一个原子来自这个宇宙，我们所做的一切科学研究，其实只是想知道宇宙和自己的真相：

我们是谁？来自哪里？又要往哪里去？

宇宙是什么？来自哪里？又要往哪里去？

科学研究的武器，无论是好奇心，还是胆识、细致、专注、质疑、实践、勤奋、想象、师承、论争等，都是来自我们自身。

科学研究的终极武器，是我们自己。

三思小练习

1. 我们身体里的铁在哪些部位？

2. 看食物包装盒上的成分说明，哪些有铁和钙？追根溯源，它们的终极来源是恒星的聚变和爆炸。

来自星星的我们

月亮，一只萤火虫，
前世今生只有淡淡的光。

十二星座，何时登场，何时谢幕，
明灭之间，都是燃尽的香火，
触手可及的星云深处，
飘飞的，是孤寂的灰，
放逐的，是内心的星墓。

一场雨水从远空飘来，
"在一杯雨水中，我们饮下了整个宇宙"，
我们只是一个器皿，
被谁塑造，被谁注入灵魂，
又被谁点亮黑夜里寻梦的光？

物理简史

测地球周长
埃拉托色尼
（约前 276—前 194 年）

利用日影和几何角度的比例，测算出地球周长为 4 万千米。好奇心，是所有科学发明的第一原动力。

视直径，日月的大小和距离，日心说
阿里斯塔克
（约前 310 —约前 230 年）

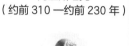

"敢为天下先"的胆识

星星等级表，岁差，
1 年是 $365 \frac{1}{4}$ 天
喜帕恰斯
（约前 190—前 125 年）

明察秋毫

椭圆轨道，面积定律，
周期距离定律
第谷·布拉赫
（1546 —1601 年）
开普勒（1571 —1630 年）

相信数据

日心说，
行星逆行的解释
哥白尼
（1473—1543 年）

批判和质疑精神

浮力定律，圆周率，
杠杆原理，"圆柱容球"
的体积比
阿基米德
（前 287—前 212 年）

专注，心无旁骛

比萨斜塔，斜面实验，
月亮表面，银河的真相，
金星相位，惯性
伽利略
（1564—1642 年）

实践出真知

三大力学定律，万有引力，微积分
牛顿
（1643 —1727 年）

灵感往往和孤独相伴

电磁感应，电动机，
发电机，磁力线
法拉第
（1791—1867 年）

勤奋

光子，狭义相对论，质能方程，广义相对论，引力波，引力透镜

爱因斯坦（1879 —1955 年）

想象力概括着世界上的一切，是知识进化的源泉。

波粒二象
德布罗意
（1892—1987 年）

探索世界、探索科学的过程，前赴后继、积少成多，本身就是人类逐渐掌握的武器。

引力常数，惰性气体，散射，电子，放射性，原子模型，晶体衍射

麦克斯韦，瑞利，汤姆逊，卢瑟福，玻尔，布拉格

科学的传承

麦克斯韦－玻尔兹曼分布，熵公式

玻尔兹曼
（1844 —1906 年）

音乐对于科学研究的创造力和想象力的启发和刺激。

量子力学
普朗克（1858 —1947 年）
玻尔（1885 —1962 年）

玻恩，海森堡，薛定谔
生活中最强劲的力量是对手给的，对手有多强大，你就有多强大。

量子叠加态
薛定谔 (1887—1961 年）

将高深的问题形象化

麦克斯韦方程组，电磁波

麦克斯韦（1831—1879 年）

富有诗意的最美方程

变星规律，哈勃公式，宇宙大爆炸

勒维特（1868 —1921 年）
哈勃（1889 —1953 年）

科学研究中的不确定性和意外收获也同样让人目眩神迷。

科学研究的终极武器，是我们自己。

两千年的物理

篇章名	科学概念	涉及科学家或科学事件	对应课本
第一个测出地球周长的人	平面几何，天文学	埃拉托色尼	小学
最早提出日心说的科学家	岁差现象，月食	阿里斯塔克	中学物理
史上视力最好的天文学家	一年有多少天	喜斯帕恰	中学物理
裸奔的科学家	浮力定律，圆	阿基米德	小学至初中物理、数学
让地球转动的人	太阳系系统，日心说	托勒密、哥白尼	中学物理
行星运动三大定律	行星轨道	第谷、开普勒	中学物理
科学史上的三个"父亲"头衔	重力、惯性	伽利略	中学物理
苹果有没有砸到牛顿	牛顿三大定律	牛顿	小学高年级至中学
法拉第建立电磁学大厦	电磁感应	法拉第	中学物理
写出最美方程的人	麦克斯韦方程	麦克斯韦	中学物理
它和"熵"这种怪物有关	热力学	玻尔兹曼	中学物理、化学
爱因斯坦的想象力	光电效应，相对论	爱因斯坦	中学物理
关于光的百年大辩论	波粒二象性	光的干涉实验等	中学物理
史上最强科学豪门	"行星原子"模型	玻尔、普朗克	中学物理
量子论剑	量子力学	爱因斯坦、玻尔	中学物理
宇宙大爆炸	红移	哈勃	小学至中学
物理学五大"神兽"	总结性章节	奥伯斯、薛定谔	
来自星星的我们	总结性章节	物理和化学	

三万年的数学

篇章名	科学概念	涉及科学家或科学事件	对应课本
数的起源	数的起源	古人刻痕记事	小学一年级
位值计数	数位的概念	十进制、二进制等	小学至中学阶段
0 的来历	0	0 的由来	小学低阶
大数和小数	小数和大数	普朗克	小学中高年级
古代第一大数学门派	勾股定理	毕达哥拉斯	小学高年级
无理数的来历	无理数	毕达哥拉斯	小学高年级至中学
《几何原本》	平面几何	欧几里得的《几何原本》	初中
说不尽的圆之缘	圆周率 π	阿基米德，祖冲之	小学高年级至中学
黄金分割定律	黄金分割率	阿基米德，达·芬奇	初中
看懂代数	代数	鸡兔同笼，花剌子米	小学高年级至中学
对数的由来	对数	纳皮尔	初中
解析几何	解析几何，坐标系	笛卡儿	初中至高中
微积分	微积分	牛顿，莱布尼茨	初中到高中
无处不在的欧拉数	欧拉数	欧拉	初中到高中
概率统计"三大招"	概率论	高斯，贝叶斯	高中
虚数和复数	虚数、复数	高斯	初中到高中
非欧几何	非欧几何	黎曼	高中
从一到九	总结性章节	《几何原本》《九章算术》	

百年计算机

篇章名	科学概念	涉及科学家或科学事件	对应课本
语文老师和科学通才的第一之争	计算器	最早的计算器	小学科学课
编程的思想放光芒	打孔	打孔程序	初中物理
电子时代的传奇	电子管	最早的电脑	中学物理
两大天才：图灵和冯·诺伊曼	二进制	图灵和冯·诺伊曼	小学至中学数学
小小晶体管里面的小小恩怨	半导体材料	晶体管	中学物理
工程技术的魅力	集成电路	芯片制造	中学计算机
一顿关于逻辑的晚餐	与或非逻辑	布尔和辛顿	中学数学，计算机
语言的进阶	编程语言	c 语言	中学计算机
"大 BOSS"操作系统	操作系统	微软，Linux	小学至中学计算机
"1+1="在电脑里的奇遇	电脑硬件	电脑运行过程	中学计算机
全世界的计算机联合起来	互联网	克莱洛克	小学至中学计算机
把计算机穿戴在身上	物联网	智能手表	中学计算机
神经网络知多少？	人工神经网路	麦卡洛克和皮茨	
从"深度学习"到"强化学习"	人工智能，深度学习	阿尔法狗	
仿造一个大脑	超级计算机	米德	
将大脑接上电脑	脑机结合	大脑网络	
"喵星人"眼中的量子计算机	量子计算机	量子霸权	
人工智能	总结性章节	阿西莫夫	